石原洋子
翻譯　黃薇嬪

梅
酒
乾
香料理

目次

第一章 梅乾

第二章 梅酒 梅子糖漿的樂趣

第三章

梅

日日美味料理

- 本書的內容是以日本關東地區近十年的氣候為準。果梅和紅紫蘇葉的採收期會根據所在地區與氣候影響而有所不同，有時處理流程需要變更，請視實際情況自行調整。
- 賞味期限（表示這個時限之前最美味）與保存期限僅供參考。
- 書中所謂的陰涼處，是指固定維持低溫的場所；亦即沒有陽光直射、沒有暖氣的冷涼環境。
- 第三章料理使用的梅乾是基本梅乾（鹽15%）。文中省略未提，但蔬菜都需要事先「清洗」、「去皮」等。
- 1小匙＝5毫升，1大匙＝15毫升，1杯＝200毫升。火力大小沒有特別標示時，皆使用中火。

＊譯注：日本的自來水可生飲，因此若書中沒有特別註明，而讀者又生活在臺灣，請盡量使用白開水，以免誤食生水。

前言

在日本的黃金週結束後，新綠更加茂盛時，
就該開始留意今年的梅子什麼時候會上市。

我的老家有一棵梅樹，每年都會結果，
母親會採收那些梅子製作梅乾和梅酒。
我還記得梅酒和梅子糖漿老是早早就喝完，
但每次做的梅乾因為太鹹，頂多用來包飯糰，
所以家裡向北的陰暗房間裡總是擺著好幾甕吃不完的陳年梅乾。

自從我有了自己的家庭之後，才懂得用梅子做菜製酒的樂趣。
我仿效母親的作法，開始年年醃梅子。

現在只要市場上出現小粒青梅，我就會動手製作梅酒、梅子糖漿、糖水煮梅子、
梅子醬油、梅肉精；等黃熟梅出現，就輪到梅乾、梅子果醬、梅子味噌等，
我習慣配合各品種的時期，一個接著一個，親手釀製各種梅子相關製品。
沒有加熱過的食品最怕發黴，所以我必須每天檢查各項製品的狀態。
把大量的保存容器陳列在家中架子上，望著砂糖逐漸溶解，
觀察每日的變化，對我來說是相當幸福的時光。
以往每年我都會醃製許多梅乾，但因為家裡人少，吃不完，

最近改為製作一公斤或五百公克的基本梅乾，
除此之外還會每年輪流醃製幾種不同的加糖梅子製品。
像這種量少的狀況（如果量少），我推薦參照本書介紹的方式，
用夾鍊袋製作。
用夾鍊袋醃製，鹽可以抹得更均勻，
而且能夠排出空氣，避免發黴，製作起來更安心。

梅子製品雖然與醬菜一樣可以久放，但又與醬菜不同，
不僅熟成需要花上一年，十分漫長，
而且直到完成之前都必須繃緊神經，
裡頭的學問相當深奧，但這也表示完成後的喜悅無與倫比。
製作的梅乾也會因為梅子的產地、成熟度、天候等，
使醃製的成品有微妙的差異，而這也是令人想要繼續挑戰的樂趣之一。

每年一次，在梅香的環繞下，享受梅子製品的各種變化，
就是豐富心靈的至高無上幸福。
本書盡可能減少需要用到的工具，
希望有更多讀者願意挑戰，
期待各位能夠透過本書，體驗製作梅子製品的樂趣。
倘若本書有幫到各位，將是本人的榮幸。

石原洋子

開始製作梅子製品之前

本書的主角不用說就是梅子。
梅酒、梅子糖漿等使用的是鮮綠色的青梅；
梅乾則是使用完全成熟、有甜香味
而且摸起來柔軟的黃熟梅。
梅子製品最需要的就是時間，
但過程絕不困難，
你只要每天花一點點心思注意梅子的狀態，
梅子一定會報答你的用心。

品種

在日本，市場上最常見的品種是南高，特徵是果實大、果肉軟且皮薄，適合做成梅乾也適合做成梅酒。其他還有纖維少的白加賀、多汁的十郎等，但品種只是參考標準之一，用你可以買到的果梅*試試吧。

（譯注：梅分為果梅和花梅，果梅是專供採果的品種，花梅是只開花不結果的品種。臺灣最主要的果梅產地在高雄，主要的果梅品種包括：胭脂、大粒梅、五樹種、大青種等。）

大小

日本的果梅是根據重量分級，從S到4L，愈大的果梅愈容易製成梅醋且不易失敗。至少要挑選2L以上的大小。

（譯注：臺灣的果梅分級是根據直徑大小，分為3.6公分、3.3公分、3.0公分、2.8公分及2.5公分，共五級。）

成熟度

這是選梅子時最重要的重點。梅酒和梅子糖漿要用果肉偏硬的綠色梅子，梅乾要用成熟的黃色梅子，脆梅要用剛採收的果梅醃製。

青梅的挑選方式

選擇青綠色、果肉偏硬、新鮮到可看見細毛、損傷少，而且是果肉和果汁都多的2L等級以上的大果實。有損傷通常容易發黴，會影響到味道和顏色。果梅的成熟速度快，所以建議一買回家就要盡快處理。

◎最適合的青梅。
△靠前側的梅子不適合用來做梅酒和梅子糖漿，但可浸泡醬油或做成果醬等。

成熟梅的挑選方式

帶紅色的成熟黃梅，可以的話最好挑3L以上的大果實。如果不夠成熟，就做不出梅醋，反而會變成硬梆梆的梅乾。還不夠成熟的果梅請先催熟。另外，有損傷的梅子容易發黴，必須淘汰。

◎上面是成熟的黃梅，適合製作梅乾。
△下面是有損傷和斑點的梅子。這些與青梅一樣，可用來浸泡醬油或做成果醬等。

關於催熟

帶青色，或黃綠色混雜的梅子，表示熟度還不夠，需要催熟。催熟不會很困難，如果梅子原本裝在塑膠袋內，拿出來放在竹篩或紙箱裡，擺在通風良好、陽光不會直射的地方，這樣就可以了。

催熟的參考標準

・梅子是綠色的話→二～三天
・黃色和綠色混雜的話→一天左右

基本材料與工具

不管是梅乾、梅酒或梅子糖漿，材料都很簡單。工具也是，除非是製作２公斤的梅乾，否則只要用家裡現成的夾鍊袋和容器，就可以製作。唯一要注意的是，梅子製品的酸鹼值高，要避免使用容易腐蝕的金屬容器。

—材料—

粗鹽

把梅乾用的鹽均勻塗抹在梅子上，為了盡早滲出梅醋，最好使用粗鹽，別用精鹽。粗鹽的鹽滷能讓梅乾的滋味更加醇厚順口。

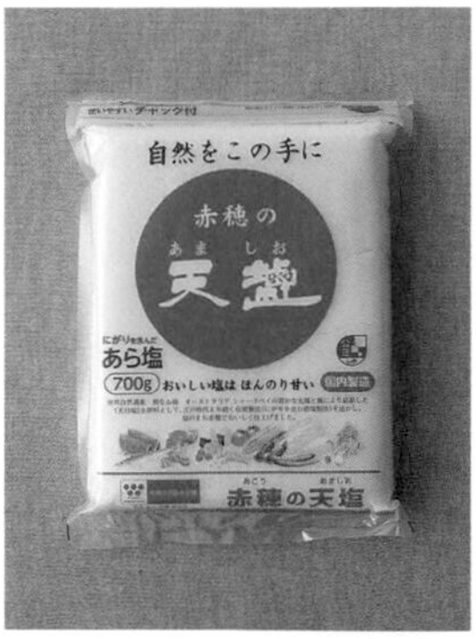

冰糖

梅酒建議使用冰糖。為了讓梅子的精華慢慢滲透到液體裡，避免梅子一口氣萎縮，所以溶解速度緩慢的冰糖最適合。

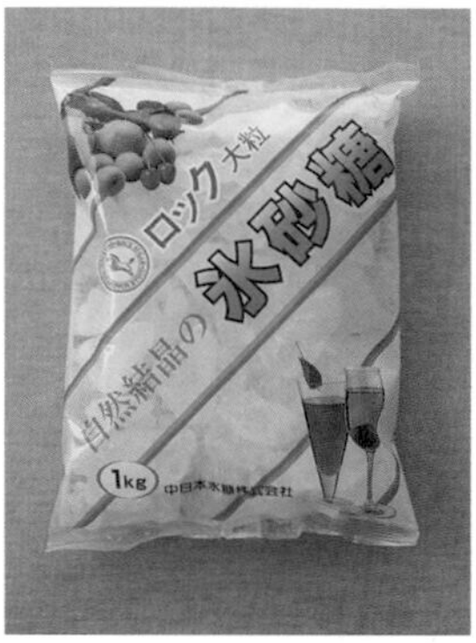

白砂糖

製作糖漬梅子，希望砂糖盡快溶解時，或是製作糖水煮梅子、果醬等，建議使用白砂糖。

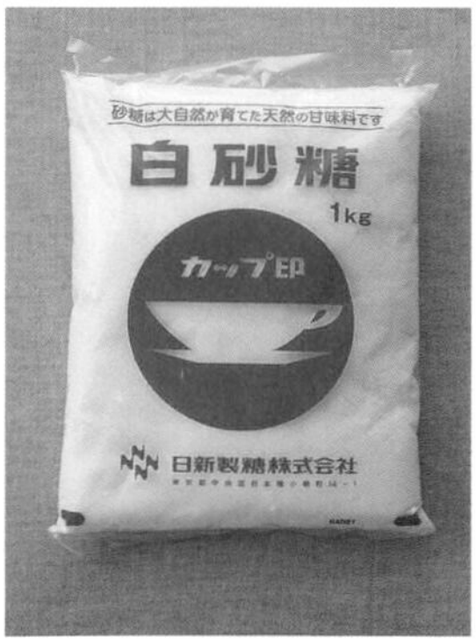

日本「White liquor」燒酒（以下簡稱日本燒酒）

無色無味的蒸餾酒＊，請選擇酒精度35％的產品。除了當作梅酒的基酒之外，還可用來消毒容器。

—工具—

竹籤、廚房紙巾

竹籤是用來挑除梅子的蒂頭。挑除蒂頭時，用廚房紙巾包著梅子進行，可以順便去除多餘的水分。

夾鍊袋、吸管

可耐冷凍的夾鍊袋適用於製作梅乾。製作1公斤的梅乾，請選用L尺寸（28×27公分），製作500公克的梅乾則選擇M尺寸（20×18公分）。吸管可用來排出空氣。

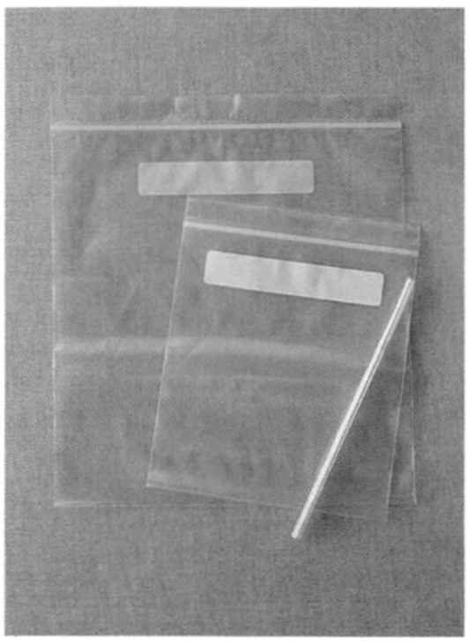

竹篩

底部平坦、邊緣高3～4公分、直徑50公分的竹篩，最適合用來製作三日梅乾。梅子的用量約500公克的話，改用直徑35公分的平底竹篩就足夠。

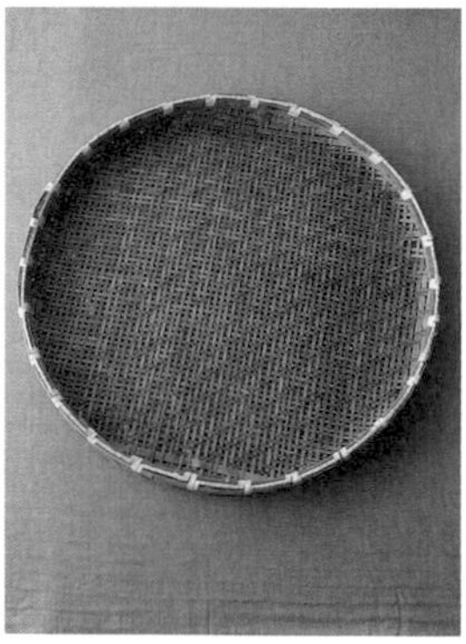

保存容器

另外還需要準備存放梅乾的保存容器。為了避免被梅乾的酸鹼腐蝕，最好選擇有蓋子的玻璃容器。如果使用金屬蓋的玻璃瓶罐等，可用保鮮膜隔開蓋子，就能夠防止腐蝕。

（＊譯注：本書使用的基酒是「White liquor」，在日本是專門用來製作梅酒的燒酒。臺灣常用的是米酒或米酒頭。）

重石

需要準備兩種重量的重石。為了使梅子滲出梅醋，壓住梅子的重石必須是梅子重量的兩倍；等到梅醋上升，再換成與梅子等重的重石。可用裝水的寶特瓶代替。

2公斤以上的梅乾專用容器

欲製作大量梅乾時，必須使用有蓋子的醬菜容器。容量要有醃漬梅子的兩倍以上，最好是廣口圓筒型，要選耐酸鹼的琺瑯或塑膠材質。

內蓋

用醬菜容器製作梅乾時，蓋在梅子和重石之間的蓋子。內蓋能夠讓重石的重量平均壓在梅子上，也可以用盤子代替。

梅酒專用容器

製作梅酒時的容器，也可直接用來保存梅酒。請選擇可看到內部狀態的附蓋玻璃製品。

—消毒—

消毒的方式

醃梅乾用的容器或梅酒容器等，若體積太大，難以用熱水煮沸消毒，建議以食用級除菌酒精噴霧*（a），或是以基酒的蒸餾酒消毒（b），多餘的液體就用廚房紙巾擦乾（c）。

（*譯注：書中所使用的商品名稱是「杜瓦保潔多抗菌77」，可在網路和實體的烘焙材料行購得。）

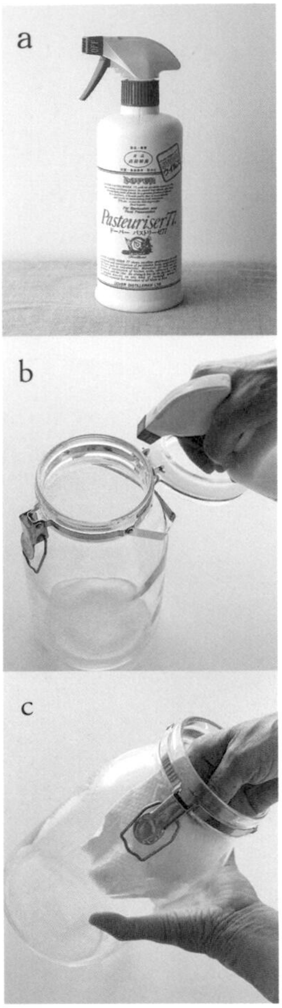

果醬罐等較小的保存容器，可放入鍋子裡加滿水，煮到沸騰後繼續煮3分鐘（a），再拿出來放在網架上晾乾（b），就完成消毒了。

梅子製品行事曆

朋友送來可愛的小粒青梅，彷彿在通知夏天的到來。由這些小粒青梅打頭陣，也宣示著今年的梅子製品即將開始製作。高峰期就是青梅上市的五月下旬到盛夏陽光曬著果梅的七月下旬為止。梅酒、梅子糖漿、梅乾等做個不停，每天都是忙碌又雀躍的日子。

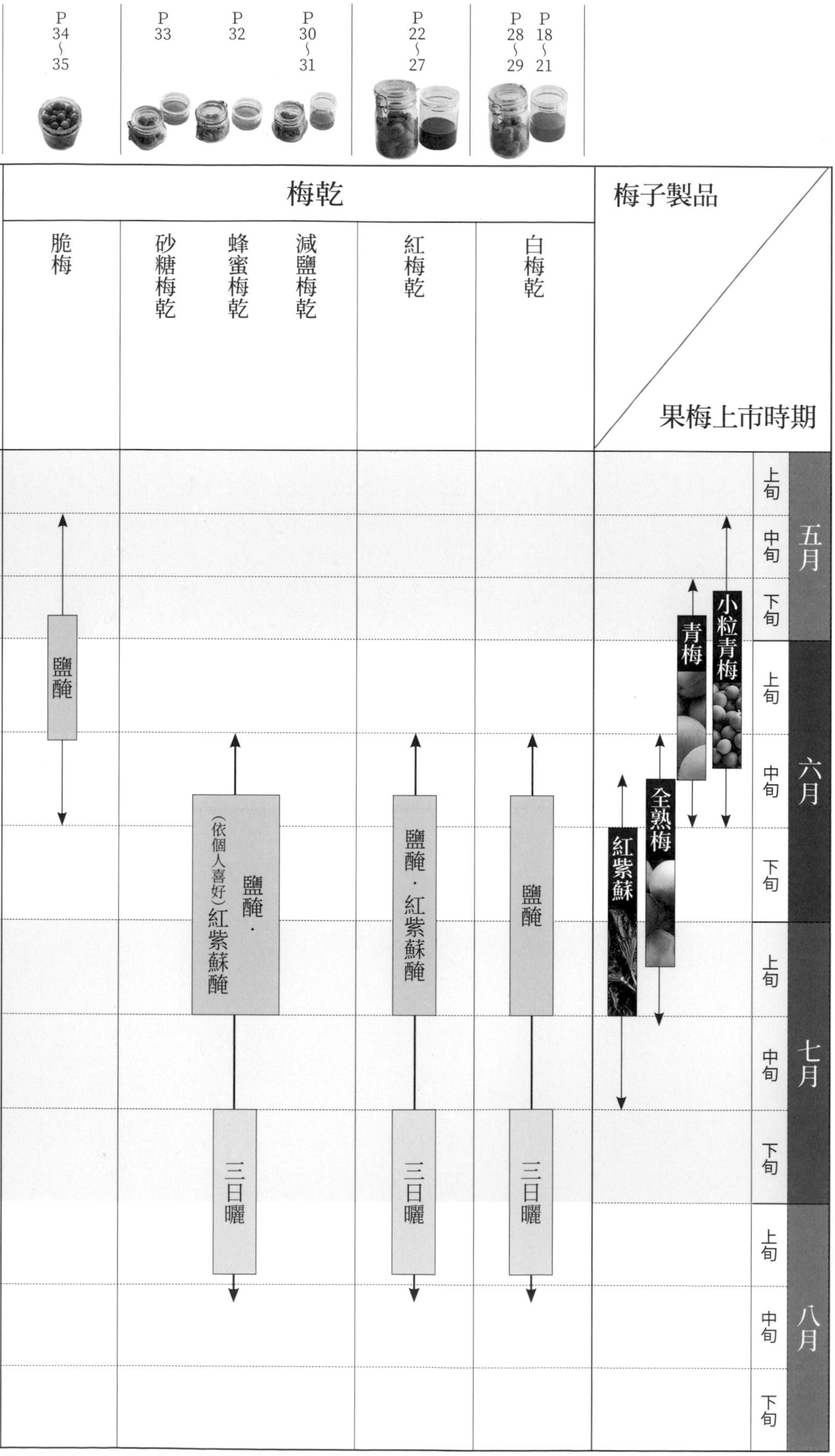

※此處的果梅上市狀況是根據日本關東地區往年的氣候為準，不同年度、不同地區的氣候環境不同，果梅採收的情況也迥異，本頁的行事曆僅供參考，請自行配合實際狀況調整。

類別	品項	頁數
其他梅子製品	紅紫蘇香鬆	P36
	黃熟梅味噌	P65
	黃熟梅果醬	P56～57
	青梅醬油	P64
	梅肉精	P62～63
	砂糖漬青梅	P60～61
	糖水煮青梅	P58～59
梅子糖漿	紅紫蘇糖漿	P54～55
	粉紅梅子糖漿	P53
	蜂蜜梅子糖漿	P52
	香料梅子糖漿	P51
	薑汁梅子糖漿	P50
	原味梅子糖漿	P48～49
梅酒	蘭姆香草梅酒	P46
	琴梅酒	P44～45
	白蘭地梅酒	P44～45
	梅酒	P42～43

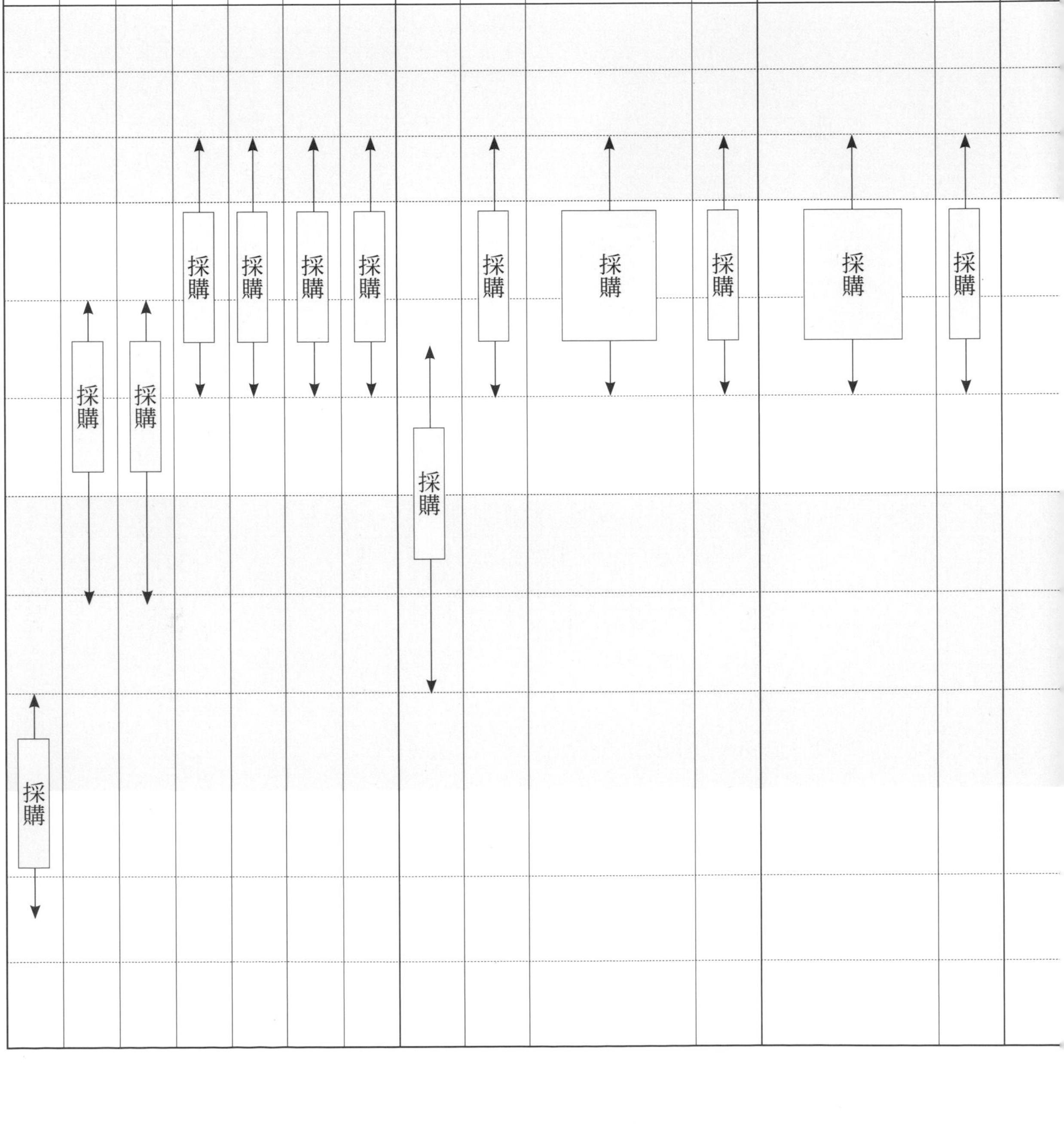

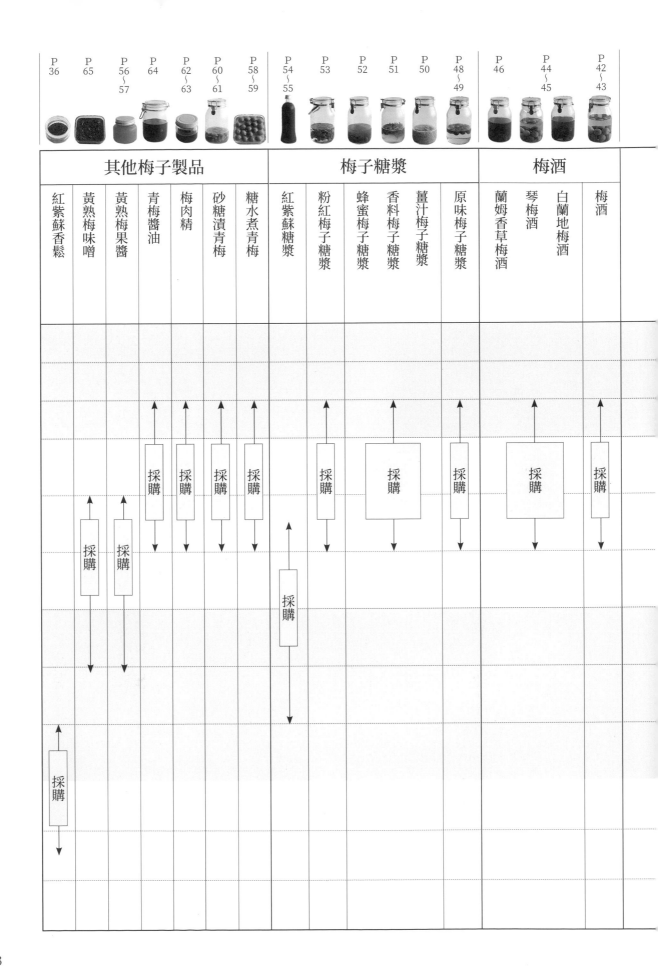

第一章 梅乾

我最近愈來愈覺得梅乾很有意思。
即使每年以同樣材料、用同樣條件醃製，
做出來的成品總會有哪裡不一樣。
或許因為醃製梅乾跟做菜不同，無須用火，
靠的是大自然的力量吧。
醃製多年下來，我總算懂得放鬆面對，
不焦慮不緊張，能夠與季節對話，
享受處理梅子的樂趣。
話雖如此，醃製梅乾的門檻並不高。
只要買到優質梅子，偶爾需要等待成熟，
確實按照步驟製作，別弄錯分量，
就不會出問題。
最重要的是撒上適量的鹽好好等待
讓太陽完成它的工作。
這樣子做出來的梅乾儘管有些挑戰性，卻也
令人愛不釋手。

寫給第一次醃製果梅的人

梅乾分成白梅乾和紅梅乾。差別在於中途是否加入紅紫蘇葉。

被視為保久食品的梅乾，是在江戶時代（一六〇三～一八六八年）才開始懂得利用紅紫蘇的殺菌力。儘管紅紫蘇有殺菌作用，但本書介紹的製作分量只要妥善保存，加不加紅紫蘇都無妨，可依照個人喜好選擇。

鹽的比例也可依照個人喜好調整。在我母親的時代普遍慣用20%，我希望可以盡量減鹽，又不希望酸味太強烈，追求完美風味的結果就是，我採用15%的比例。這個比例不容易失敗，因此建議可以先從這個比例開始挑戰。

成功做出梅乾的重點

好的梅乾，必須是外觀看起來飽滿，一咬下去皮薄肉軟。顏色是白色或紅色不會有影響。為了做出這樣的梅乾，必須先掌握幾個關鍵。

1 準備完全成熟的果梅

掌握成功的關鍵，就是要注意梅子的狀態。必須使用完全熟透、呈現黃裡帶紅的顏色，散發甜香味的果梅。梅子不夠成熟的話，必須靜置一～三天催熟。（參見P9）

2 讓梅醋淹過所有梅子

梅醋沒有滲出上升，可能就是發黴和損傷。使用夾鍊袋製作時，記得每天要翻面；使用容器醃漬的話，必須轉動容器，加快梅醋上升的速度。只要注意這段時期的狀態，就算發黴也能夠盡早解決。

3 日曬三天

梅雨季節結束後，梅乾就可以收成了。照射盛夏強烈的陽光，可幫助鹽漬過的梅子殺菌，去除水分，使鮮味濃縮，外皮和果肉也會變得柔軟，更添風味。

製作梅乾的流程

白梅乾

鹽醃

P18

■六月中旬左右
熟透的果梅抹上粗鹽醃漬，待鹽溶解，水分（白梅醋）滲出上升。

三日曬

P20 白梅乾
P26 紅梅乾

■七月二十日左右
梅雨季節過後的連續三天晴天，放在太陽下曬乾水分，同時殺菌。

保存

裝入容器，放在陰涼處保存。大約三個月之後，澀味消失，正是適合享用的時候。

紅紫蘇醃

P22

■六月下旬左右
紅紫蘇抹鹽去澀，加入鹽醃的梅子裡醃漬。

紅梅乾

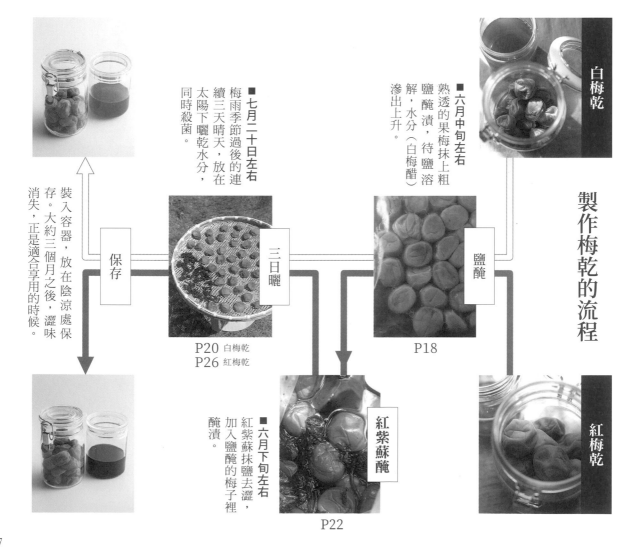

—基本款—

白梅乾

（夾鍊袋醃製1公斤，鹽15%）

- ●鹽醃　六月中旬～七月上旬
- ●三日曬　梅雨季節結束後不久
- ●最佳品嚐期　三日曬一完成（繼續靜置三個月左右，味道會更醇厚）～依照個人喜好

梅乾的第一道程序是鹽醃，
用透明夾鍊袋進行，
壓上重石靜置，
最快第二天就會滲出梅醋，
一個禮拜之後，梅子就會在梅醋裡浮游。
夾鍊袋醃漬最大的優點就是能夠觀察到時時刻刻的變化，
讓人對於梅乾的成品更加充滿期待。

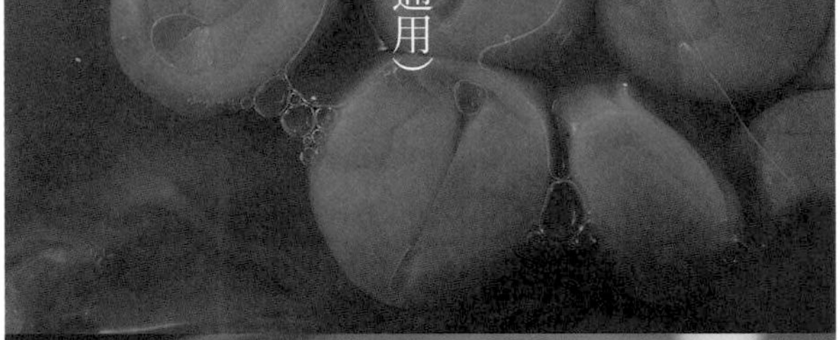

材料

完全成熟的果梅…1公斤

＊去掉有損傷的果實再秤重。

粗鹽（梅子重量的15％）…150公克

準備物品

・夾鍊袋（L尺寸）2個
・吸管
・20×28公分長方形扁烤盤2個
・重石（2公斤・1公斤）各1個
・竹籤

1 清洗

用流動的清水洗梅子，再以篩網撈起瀝乾。

＊熟透變黃的梅子無須泡水去澀，泡水反而導致損傷，用流動的清水大略清洗即可。

2 去蒂頭

拿廚房紙巾仔細擦乾水分，用竹籤去除蒂頭。

＊必須小心進行，避免破壞梅子。拿掉蒂頭之後，凹洞內的黑色部分是種子的尖端，留著無妨。蒂頭去掉後不可以清洗，以免造成損傷。

3 裝袋

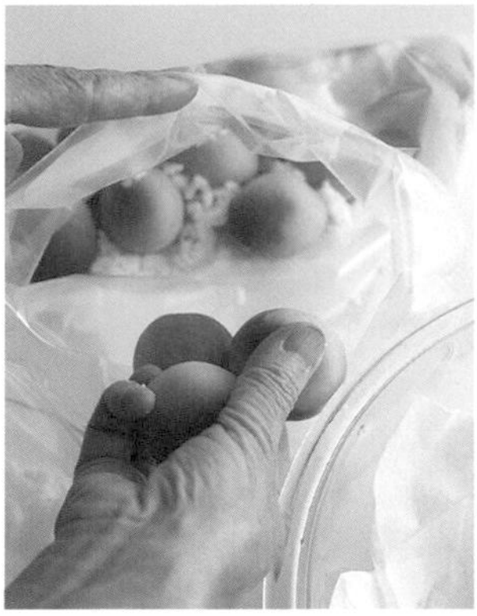

把一半的梅子裝進夾鍊袋內，不留縫隙塞緊，撒入一半的鹽，再裝入剩下的梅子，同樣塞緊，最後撒入剩下的鹽並抹勻。

4

一邊排出袋子裡的空氣一邊封住夾鍊袋，最後用吸管吸出剩餘的空氣後密封。為了謹慎起見，外面再套上一層夾鍊袋。

＊袋子裡如果有空氣，重石很難平均施壓，將會導致水分（白梅醋）上升不如預期。

5 壓重石

夾鍊袋放在扁烤盤上，表面再疊上一個扁烤盤，壓上梅子重量兩倍的重石，放在陰涼處。每天翻一次面，讓水分（白梅醋）盡快上升。

6

三～五天過後，白梅醋上升，就可以把重石的重量減半，偶爾翻面。要做紅梅乾，就放到市場上出現紅紫蘇葉為止；要做白梅乾，就放到要做三日曬為止。

—基本款—

白梅乾

（夾鍊袋醃製1公斤，鹽15％）

準備物品

- 竹篩（直徑約50公分）
- 放竹篩的架子（腳踏凳或沒有椅背的凳子倒過來用）
- 保存梅乾的容器（容量約1公升）
- 保存梅醋的容器（容量約800毫升）
- 食用級除菌酒精噴霧

事前準備

- 清洗保存容器晾乾後，內側噴上除菌噴霧。

梅雨季節過後，陽光會逐漸增強，在開始煩惱酷熱的夏天就要來臨時，把鹽醃梅子拿出去曬太陽吧。這個時期適逢大暑（七月二十日～八月七日左右），不一定要在這幾天，只要選擇連續四天晴天的日子即可。最理想的方式是讓梅乾曬三天太陽，在第三天夜晚沾上露水，但如果是夜晚沒有露水的地區或酷熱的夏夜，直接把梅乾收進室內也無妨。

三日曬（白梅乾）

三日曬之前

三日曬之後

1

曬太陽

選擇日曬與通風良好的場所，趁著一大清早，把夾鍊袋內的鹽醃梅子一一瀝乾取出，在竹篩上間隔一段距離排列。

*竹篩放在架子上，維持良好通風。

2

把留在夾鍊袋裡的白梅醋，裝入保存容器，打開蓋子曬一天太陽殺菌。

3

翻面

到了中午左右，等梅子表面乾燥後，上下翻面一次，把整顆梅子曬乾。

4

收進屋內

下午四點左右，把裝著梅子的竹篩收進室內。

5

第二天

第二天只曬梅子，中途要翻一次面。

6

第三天

第三天也與第二天一樣，繼續曬梅子。

*如果氣溫很高，第三天要觀察梅乾的狀況，依照個人喜好調整乾燥程度，注意別曬得太乾太硬。

7

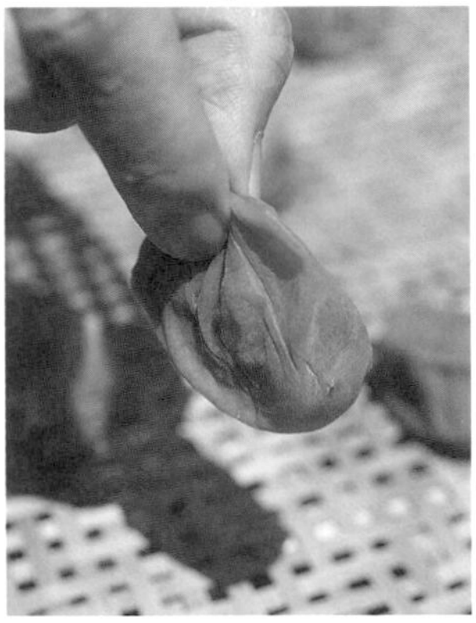

如何判斷曬好了，用手指捏起來試試，感覺外皮會黏在一起就可以了。晚上繼續放在室外，讓它沾上露水。

*沾上夜晚的露水，梅乾才會溼潤柔軟。

8

第四天

清晨收進來，可依照個人喜好快速浸過梅醋再瀝乾。梅醋和梅乾分別裝進不同容器，放在陰涼處或冰箱冷藏室保存。

*快速浸過梅醋再保存，可保持梅乾溼潤。

—基本款—

紅梅乾

（夾鍊袋醃製 1 公斤，鹽 15％）

- ●鹽醃　六月中旬～七月上旬
- ●紅紫蘇醃　六月下旬
- ●三日曬　梅雨季節結束後不久
- ●最佳品嚐期　三日曬一完成（繼續靜置三個月左右，味道會更醇厚）～依照個人喜好

紅紫蘇醃

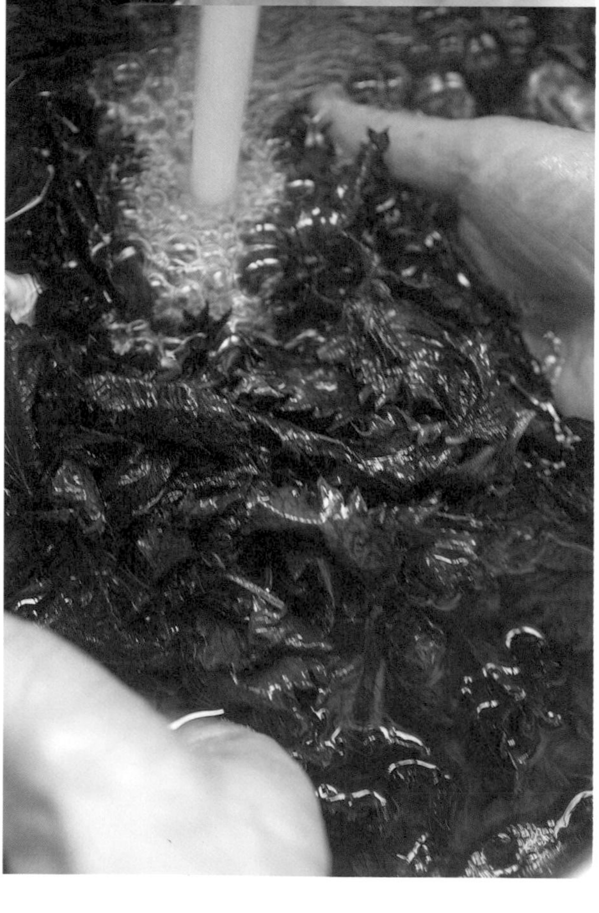

紅紫蘇葉抹鹽搓揉過之後，加入滲出梅醋的鹽醃梅子裡。

用力搓揉過的紅紫蘇葉體積會變小，並釋出紫色泡沫和濁水，那些是澀水。倒掉澀水後再度用力搓揉一次，等到汁水清澈就完成了。

這時候加入梅醋。

近乎透明的梅醋瞬間變成鮮紅色的模樣，宛如魔法，令人心跳加速。

把這些紅紫蘇葉加入梅子，靜置到梅雨季節過後。

材料（1公斤果梅經過鹽醃的量）

紅紫蘇葉…200公克（可使用的葉子100公克）

＊建議使用皺葉紅紫蘇（參見P25）

粗鹽（紅紫蘇葉重量的20%）…20公克

鹽醃梅子（白梅醋升高的梅子）…1袋

（1公斤果梅經過鹽醃的量）

1

摘下葉子

摘取紅紫蘇葉，淘汰損傷的、帶綠的葉子後秤重，準備100公克。

＊徒手捏住葉基（葉子與葉柄相連的地方）和紅色葉柄，從葉腋（葉柄與莖相連的地方）處摘下葉子。

2

清洗

放入調理盆不斷換水清洗，用篩網撈起，靜置30分鐘左右，徹底瀝乾水分。

＊洗過的紅紫蘇葉很難瀝乾，先把葉子攤平在平底竹篩或毛巾上，先大略去除水分。

3

擦乾水分

拿廚房紙巾擦乾紅紫蘇的水分。

＊殘留的水分就是發黴的原因，因此必須確實把水分擦乾。

4

去澀（第一次）

把步驟3的紅紫蘇葉放入大調理盆裡，撒入一半的粗鹽，大略拌過後，靜置10～20分鐘。

5

等到葉子變軟，用力搓揉，讓粗鹽滲入葉子。

6

葉子縮小，排出澀味很強的澀水。

7

以雙手用力擰壓紅紫蘇葉後取出，倒掉澀水。把調理盆洗乾淨。

接續p24

—基本款—

紅梅乾（夾鍊袋醃製1公斤，鹽15%）

紅紫蘇醃

8

去澀（第二次）

把步驟7的紅紫蘇葉放回調理盆裡弄散，撒入剩下的粗鹽。

9

與第一次一樣，用力搓揉讓粗鹽滲進葉子，排出澀水。

*排出的澀水顏色會比第一次乾淨。

10

擰乾紅紫蘇葉取出，倒掉排出的澀水。

11

加入梅醋

在洗乾淨的調理盆裡放入步驟10的紅紫蘇葉，倒入從鹽醃梅子取出的適量白梅醋。

12

弄散葉子後，加入剩餘的白梅醋混合。

13

白梅醋很快就染成鮮紅色（此時的梅醋稱為紅梅醋），紅紫蘇葉的前置作業完成。

14

加入紅紫蘇葉

把步驟13的紅紫蘇葉蓋在鹽醃梅子的表面，繞圈淋上紅梅醋。

15

用筷子稍微撥開，避免紅紫蘇葉集中在一處，排氣後封上夾鍊袋封口。

16

攤平夾鍊袋放在扁烤盤裡，放在陰涼處。

17

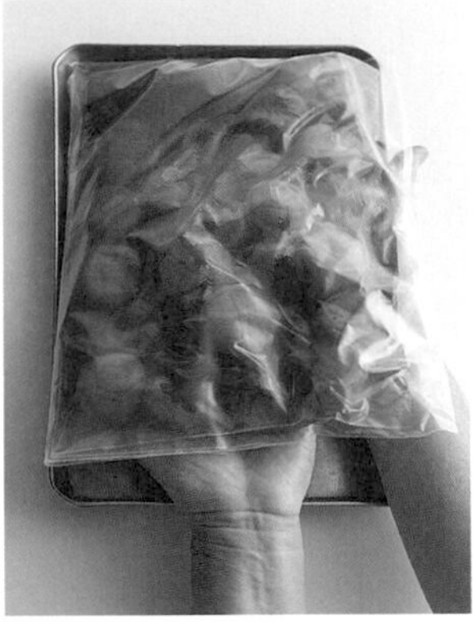

每天翻面一次，等到梅雨季節結束後就完成了。

紅紫蘇梅醃漬完成。

note

紅紫蘇葉的挑選方式

◎紅紫蘇葉出現在市場上的時期

紅紫蘇的產季是六月中旬到七月上旬左右。出現在市場上的時間短暫，因此如果想製作紅紫蘇梅，請務必要留意，別錯過良機。

◎選擇皺葉紅紫蘇

紅紫蘇的葉子包括像青紫蘇一樣平坦圓形的「平葉紫蘇」、表面皺巴巴的「皺葉紫蘇」，以及葉背是紅紫色但正面是綠色的「雙色紫蘇」。本書需要製作梅乾和紅紫蘇糖漿，因此使用的是「皺葉紫蘇」。

◎製作梅乾只能使用狀態好的葉子

梅乾染上漂亮的紅色，是因為紅紫蘇含有的「花色素苷」色素遇到梅子的「檸檬酸」等產生反應，變成了鮮豔的紅色。如果使用帶綠色的葉子（照片右邊），就無法出現漂亮的顏色，所以要選擇正反面都是紫色的大片葉子（照片左邊）。

—基本款—

紅梅乾（夾鍊袋醃製1公斤，鹽15%）

準備物品

- 竹篩（直徑約50公分）
- 放竹篩的架子（腳踏凳或沒有椅背的凳子倒過來用）
- 保存梅乾的容器（容量約1公升）
- 保存梅醋的容器（容量約800毫升）
- 食用級除菌酒精噴霧

事前準備

- 清洗保存容器晾乾後，內側噴上除菌噴霧。

加入紅紫蘇葉的鹽醃梅子在太陽下曬乾後，
就會變成有漂亮紅梅色的紅梅乾，
作法與白梅乾一樣。
另外，把經過前置作業處理的紅紫蘇葉也攤開，
放在竹篩上曬乾、磨碎，就會變身成香氣四溢的香鬆。
等到紅梅乾曬好收成之後，
浸過紅梅醋再曬曬太陽，重複幾次相同步驟，
完成的紅梅乾顏色就會變得更深。

三日曬（紅梅乾）

三日曬之前

三日曬之後

1

曬太陽

選擇日曬與通風良好的場所，趁著一大清早，把夾鍊袋內的鹽醃梅子一一瀝乾取出，在竹篩上間隔一段距離排列。

＊竹篩放在架子上，維持良好通風。

2

把留在夾鍊袋裡的紅紫蘇葉和紅梅醋，用篩網過濾分開。

3

在梅子旁邊放上攤開弄散的紅紫蘇葉，與裝在調理盆裡的紅梅醋一起曬太陽。

＊紅紫蘇葉會糾結成一團，請務必要徒手仔細弄散、攤開。

4

翻面

到了中午左右，等梅子表面乾燥後，上下翻面一次，把整顆梅子曬乾。紅紫蘇葉也要翻面。

5

收進屋內

下午四點左右，把梅子放回梅醋裡，收進室內。

＊放回梅醋裡，最後完成的梅乾顏色會更鮮豔。

6

第二天、第三天

第二天只曬梅子和紅紫蘇葉，中途要翻一次面。

傍晚把梅子放回梅醋裡。

第三天也與第二天一樣繼續曬太陽。

7

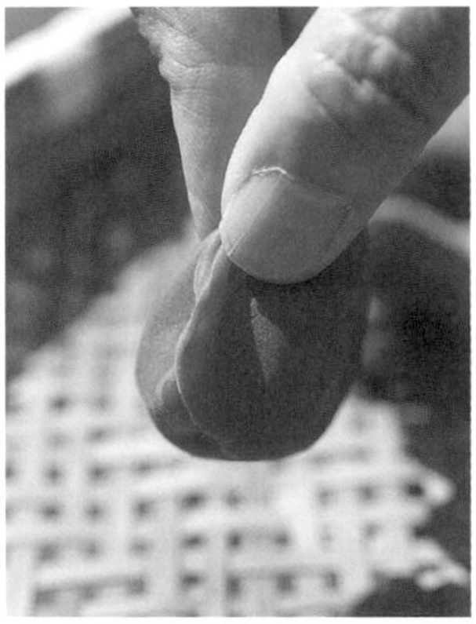

如何判斷梅乾曬好了，用手指捏起來試試，感覺外皮會黏在一起就可以了。第三天晚上把梅乾放在室外沾露水。

＊沾上夜晚的露水，梅乾才會溼潤柔軟。

8

第四天

清晨把梅乾收進來，大略浸一下梅醋後撈起。

梅醋和梅乾分別裝進不同容器，放在陰涼處或冰箱冷藏室保存。

＊快速浸過梅醋再保存，可保持梅乾溼潤。

—用容器製作—

梅乾

（用容器醃製2公斤，鹽15%）

想要製作大量梅乾的人，建議選擇阿嬤她們使用的容器醃製。容器的容量，至少要有梅子用量的兩倍。

材料

完全成熟的果梅…2公斤
粗鹽（梅子重量的15%）…300公克
日本燒酒…1/4杯
醃漬紅紫蘇（若要製作紅梅乾）
—紅紫蘇葉…400公克（可使用的葉子200公克）
—粗鹽（紅紫蘇葉重量的20%）…40公克

準備物品

・琺瑯材質或塑膠材質的醃醬菜容器（容量4.5公升）1個
・內蓋1個
・大塑膠袋1個
・重石（4公斤・2公斤）各1個
・竹籤
・食用級除菌酒精噴霧

事前準備

・清洗保存容器晾乾後，內側噴上除菌噴霧。
・用流動的清水洗梅子，再以篩網撈起瀝乾。拿廚房紙巾仔細擦乾水分，用竹籤去除蒂頭。（參見P.19）

1

容器底部均勻撒上材料裡1/5分量的粗鹽。

2

將材料裡1/5分量的梅子蒂頭去除後，裂口朝上，緊密排列在容器裡。

3

以材料裡1/5分量的粗鹽封住裂口。

＊粗鹽滲入凹洞內，能夠更快滲出梅醋。

4

再排好1/4分量的梅子，整體均勻撒上1/5分量的粗鹽，重複這個動作，直到剩餘的粗鹽撒完。

5

加入日本燒酒。

＊與夾鍊袋醃製不同，容器醃製的梅子容易因為接觸到空氣而發黴，因此需要加入日本燒酒殺菌。加入的分量不多，所以幾乎不會影響到成品的味道。

6

放上內蓋。

7

蓋上大塑膠袋，避免灰塵進入。放上梅子重量兩倍的重石，擺在陰涼處等待梅醋上升。

＊重石可改用身邊現成的物品代替，例如：容量2公升的寶特瓶2瓶等

8

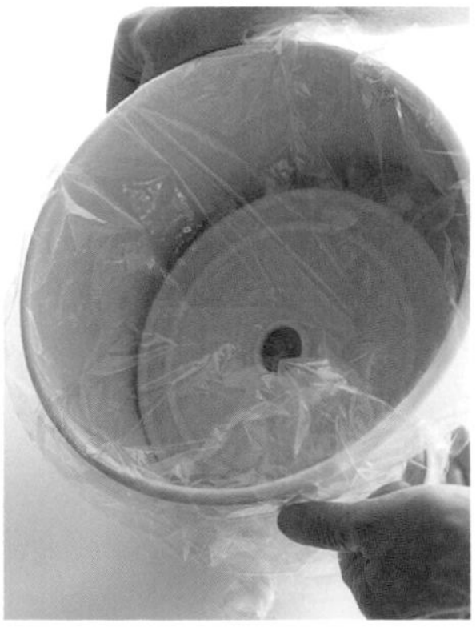

每天打斜並轉動容器一次，加快梅醋上升的速度。

＊梅醋上升夠快就不容易發黴。

9

放置三～五天，看到梅醋上升之後，就把重石的重量減半。放在陰涼處，時不時檢查一下是否發黴，等到梅雨季節結束再進行三日曬，就完成了。（參見P.20～21）

如果要製作紅梅乾

10

製作醃漬紅紫蘇

（作法同P.22～24的步驟，至步驟13為止，分量加倍。）

做好的紅紫蘇葉蓋在步驟9的表面，繞圈淋上剩餘的紅梅醋。

11

用筷子輕輕弄散、攤開紅紫蘇葉，避免聚集在一處。蓋上內蓋和容器的外蓋，放在陰涼處直到梅雨季節結束，再進行三日曬，就完成了。（參見P.26～27）

減鹽梅乾

●採購　六月中旬～七月上旬
●醃漬時間　一個月
●最佳品嚐期　一個月之後～依照個人喜好

減少梅乾的粗鹽用量不見得是好事。鹽量減少了，醃製過程中就容易發黴，酸味也會偏強，破壞味道的平衡。請記住鹽再怎麼減，至少也要有10%。減鹽梅乾在曬乾之後，容易損壞，因此請務必要放入冰箱冷藏保存。

材料

完全成熟的果梅…500公克
粗鹽（梅子重量的10%）…50公克
日本燒酒…1大匙

準備物品

・夾鏈袋（M尺寸）2個
・吸管
・20×28公分的長方形扁烤盤 2個
・重石（1公斤・500公克）各1個
・竹籤

事前準備

・用流動的清水洗梅子，再以篩網撈起瀝乾。拿廚房紙巾仔細擦乾水分，用竹籤去除蒂頭。（參見P.19）

完成後，梅乾裝進保存容器（容量約500毫升），梅醋也移到保存容器（容量約400毫升）。

＊如果要做紅梅乾，加入醃漬紅紫蘇葉（參見P.22～25，分量減半）之後，再進行三日曬（參見P.26～27）。

1

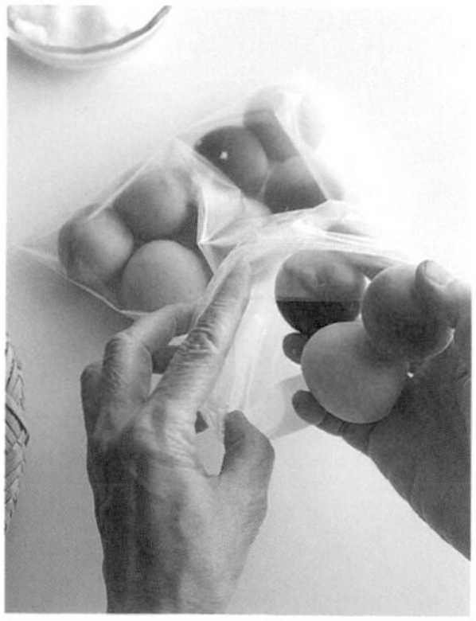

把一半梅子裝進夾鏈袋內，不留縫隙塞緊，撒入一半的鹽。

2

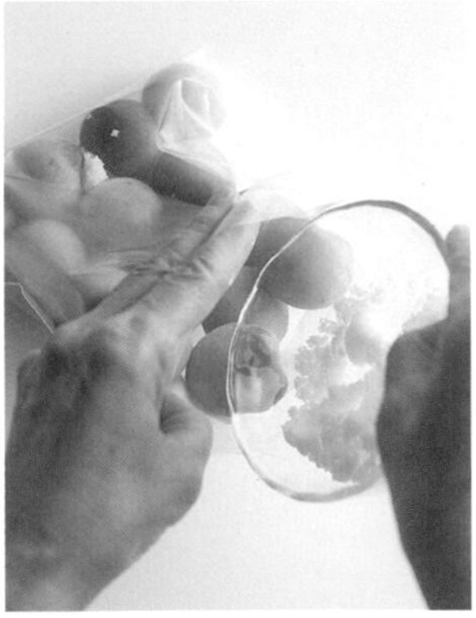

再裝入剩下的梅子，同樣塞緊，最後撒上剩下的鹽並抹勻。

3

加入日本燒酒。

＊粗鹽用量少，容易發黴，因此需要加入有殺菌力的日本燒酒。

4

一邊排出袋子裡的空氣一邊封住夾鍊袋，最後用吸管吸出剩餘的空氣後密封。為了謹慎起見，外面再套上一層夾鍊袋。

5

夾鍊袋放在扁烤盤上，表面再疊上一個扁烤盤，壓上梅子重量兩倍的重石，放在陰涼處。

6

每天翻一次面，讓白梅醋盡快上升。

7

三～五天過後，白梅醋上升，就可以把重石的重量減半，偶爾翻面。

完成三日曬之後冷藏保存。（參見P.20～21）

point

梅醋滲出完畢、停止上升的狀態。梅醋上升到這個高度，就可以放心了。

蜂蜜梅乾

● 採購　六月中旬～七月上旬
● 醃漬時間　一個月
● 最佳品嚐期　一個月之後～依照個人喜好

自製的蜂蜜梅乾沒有市售的那麼甜，
卻也緩和了尖銳的酸味，
打造出有深度的醇厚風味。
吃過的人都稱讚這是「順口好吃」的梅乾。

材料

完全成熟的果梅…500公克
粗鹽（梅子重量的10%）…50公克
蜂蜜…50公克
日本燒酒…1大匙

準備物品

・夾鍊袋（M尺寸）2個
・吸管
・20×28公分的長方形扁烤盤 2個
・重石（1公斤・500公克）各1個
・竹籤

事前準備

・用流動的清水洗梅子，再以篩網撈起瀝乾。拿廚房紙巾仔細擦乾水分，用竹籤去除蒂頭。（參見P.19）

完成後，梅乾裝進保存容器（容量約500毫升），梅醋也移到保存容器（容量約400毫升）。

作法

1 把一半梅子裝進夾鍊袋內，不留縫隙塞緊，撒入一半的鹽。再裝入剩下的梅子，同樣塞緊，最後撒上剩下的鹽並抹勻。加入蜂蜜（**a**）。

2 加入日本燒酒抹勻。

3 用吸管吸出夾鍊袋的空氣後密封，外面再套上一層夾鍊袋。放在扁烤盤上，再疊上一個扁烤盤，壓上梅子重量兩倍重石，每天翻一次面。等到白梅醋上升，就可以把重石的重量減半，偶爾翻面。

4 完成三日曬之後冷藏保存。（參見P.20～21）

＊如果要做紅梅乾，加入醃漬紅紫蘇葉（參見P.22～25，分量減半）之後，再進行三日曬（參見P.26～27）。

a

砂糖梅乾

●採購　六月中旬～七月上旬
●醃漬時間　一個月
●最佳品嚐期　一個月之後～依照個人喜好

對比梅子的用量，
分別加入10%的鹽和砂糖。
雖然甜味不明顯，
不過完成的梅乾滋味會很溫和順口。

材料

完全成熟的果梅…500公克
A（事先混合）
—粗鹽（梅子重量的10%）…50公克
—白砂糖…50公克
日本燒酒…1大匙

準備物品

・夾鍊袋（M尺寸）2個
・吸管
・20×28公分的長方形扁烤盤 2個
・重石（1公斤・500公克）各1個
・竹籤

事前準備

・用流動的清水洗梅子，再以篩網撈起瀝乾。拿廚房紙巾仔細擦乾水分，用竹籤去除蒂頭。（參見P.19）

完成後，梅乾裝進保存容器（容量約500毫升），梅醋也移到保存容器（容量約400毫升）。

＊如果要做紅梅乾，加入醃漬紅紫蘇葉（參見P.22～25，分量減半）之後，再進行三日曬（參見P.26～27）。

作法

1 把一半梅子裝進夾鍊袋內，不留縫隙塞緊，撒入一半的混合**A**。再裝入剩下的梅子，同樣塞緊，最後撒上剩下的**A**（**a**）。

2 加入日本燒酒抹勻。

3 用吸管吸出夾鍊袋的空氣後密封，外面再套上一層夾鍊袋。放在扁烤盤上，表面再疊上一個扁烤盤，壓上梅子重量兩倍的重石，每天翻一次面。等到白梅醋上升，就可以把重石的重量減半，偶爾翻面。

4 完成三日曬之後冷藏保存。（參見P.20～21）

a

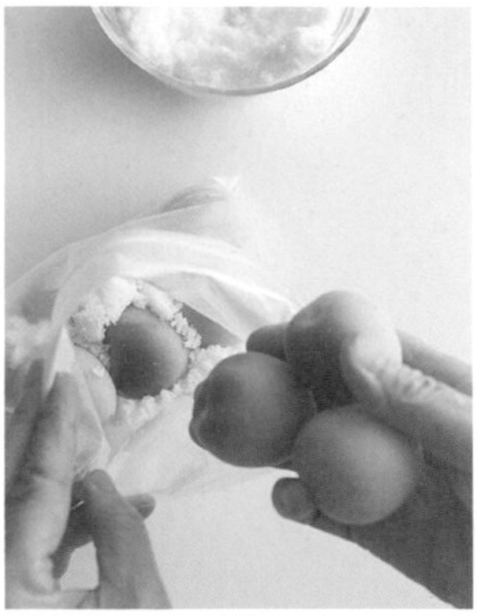

脆梅

爽脆的口感令人心情愉快。
為了避免梅子變軟，
有時還會加入蛋殼等鈣質，
但最重要的還是小粒青梅的品質，
必須使用新鮮採收、果肉偏硬的小粒青梅製作。
完成後，請務必要放冰箱冷藏保存。

- ●採購　五月中旬～六月上旬
- ●醃漬時間　一週
- ●最佳品嚐期　一週之後～一年

材料

小粒青梅…500公克

＊品種建議使用甲州小梅或龍峽小梅等。先淘汰爛果再秤重。

粗鹽（梅子重量的10%）…50公克

日本燒酒…2大匙

準備物品

・夾鍊袋（L尺寸）2個
・吸管
・20×28公分的長方形扁烤盤　2個
・重石（1公斤）
・竹籤
・食用級除菌酒精噴霧
・梅乾專用保存容器（容量約800毫升）
・梅醋專用保存容器（容量約200毫升）

事前準備

・清洗保存容器晾乾後，內側噴上除菌噴霧。

1

用流動的清水洗梅子。泡在大量的水裡2小時左右去澀，再以篩網撈起瀝乾。

2

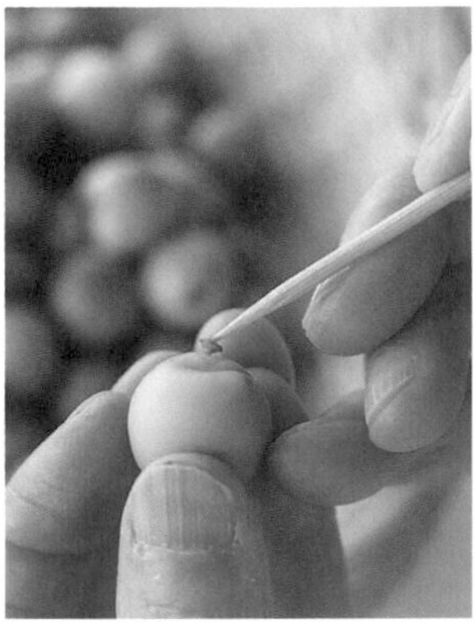

拿廚房紙巾仔細擦乾水分，用竹籤去除蒂頭。

＊小心別損傷梅子。蒂頭無法剔除時也無須勉強，留著沒關係。

3

把梅子裝進大調理盆裡，灑上日本燒酒，讓所有梅子都抹上酒。

＊加酒不只有殺菌效果，還可以使鹽更容易附著。

4

加鹽之後用力搓揉3分鐘，直到梅子變成透明鮮綠色。

＊鹽滲入梅子裡，才能夠保持脆度，果肉也更容易與籽分離。

5

把梅子裝進夾鍊袋內，調理盆裡殘留的鹽也全部裝入。

＊擔心果肉無法維持脆度的話，在這時候可加入蛋殼。蛋殼需要去除內膜，煮沸消毒，裝入過濾袋。（參見P.39）

6

用吸管吸出夾鍊袋的空氣後密封，外面再套上一層夾鍊袋。放在扁烤盤上，表面再疊上一個扁烤盤，壓上重石，放在陰涼處，每天翻面二～三次。

7

一週之後，梅醋上升到大約梅子的1/3高度時，就完成了。瀝乾液體，裝入消毒過的保存容器，放冰箱冷藏保存。梅醋則用其他容器保存。

point

用力抹上粗鹽，能夠讓梅子更有光澤、更翠綠。這個步驟可以防止梅子繼續熟成。

紅紫蘇香鬆

把醃漬紅梅乾的紅紫蘇葉曬乾、打碎，搖身一變成為自製的配飯香鬆。
紫蘇的芳香加上梅乾的鹹味與酸味，美味到令人想不到這是附加產物。
混入飯糰或拌入小黃瓜、蕪菁等，很快就會吃光光。

材料（直徑7公分耐熱容器1個的量）

紅梅乾的紅紫蘇葉（P.22～27）…全部

作法

1

紅梅乾的紅紫蘇葉在完全曬乾後，要繼續曬二～三天。

2

用食物調理機打碎成粉末狀。

3

裝進容器保存，必須避免濕氣。

*常溫約可保存一年。也可放入乾燥劑保存。

Column

利用梅乾的健康能量為每天帶來活力！

日本有一句俗話說：「一天一梅乾，災難遠離我」，這表示梅乾的健康效果自古以來就得到眾人的認同。以下將介紹幾個梅乾的效用。

◎消除疲勞

梅乾讓人覺得酸，是因為含有豐富的檸檬酸。檸檬酸會使身體偏向鹼性，可以有效消除乳酸造成的肌肉疲勞。

◎防止食物中毒

梅乾的殺菌力強，因此便當、飯糰習慣加梅乾。配菜裡也加入梅乾，就能發揮梅乾的神奇殺菌力。

◎消除宿醉

梅乾的檸檬酸能夠活化體內代謝，被視為具有消除宿醉的作用，因此民俗療法建議宿醉的早上可以喝一杯加梅乾的茶。

◎促進唾液分泌

梅乾能夠活化唾液的分泌，所以我們一看到梅乾就會流口水，這也是檸檬酸的作用。唾液不僅有促進食慾的效果，還能夠預防誤嚥嗆到、殺菌等。

◎促進鈣、鐵吸收

鈣質不足就會發生骨質疏鬆症，鐵質不足就會造成貧血，梅乾也可以解決這些問題。因為檸檬酸能夠把鈣和鐵變成水溶性，加強吸收。

◎治療中暑

中暑是因為身體的水分和鹽分減少所引發。為了預防中暑，光是補水還不夠，還需要攝取鹽分，這種時候有梅乾就很方便。建議跟水一起隨身攜帶。

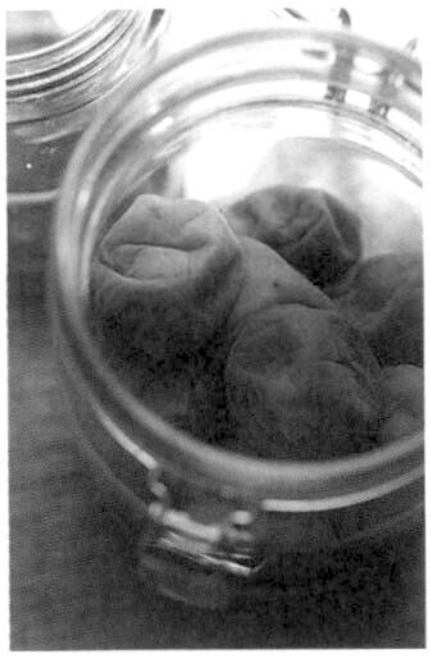

製作梅乾遇到困難時

按照本書的說明製作卻不成功、沒辦法放在室外曬三天太陽、錯過產季而失敗等常見問題，都整理在Q&A裡一併解答。

梅乾

Q 在鹽醃梅子的過程中發現發黴，該怎麼辦？

A 發黴的方式不同，處理的方法也會不同。

- 黴菌浮在表面，只要輕輕撈出黴菌就沒問題。
- 有部分梅子發黴，只要把發黴的梅子撈出來扔掉即可。
- 黴菌擴散到所有梅醋時，可採取下列方式處理：

①用湯匙輕輕撈掉黴菌，取出梅子。②在篩網中鋪上略厚的廚房紙巾，過濾出梅醋，煮滾一次，等降溫到手可以碰的溫度，再倒回夾鍊袋或消毒過的容器內。③取出的梅子用熱水燙過後曬乾，放回梅醋裡重新醃漬。

Q 梅醋沒有上升。

A 如果重石的重量是梅子的兩倍，一般來說，第二天起梅醋就會上升，過了五天就會達到最高點。假如經過三天，梅醋還是沒有上升，就稍微增加重石的重量，如果是用夾鍊袋醃製，就把袋子翻面；用容器醃製就轉動容器，讓梅醋接觸到所有梅子，再觀察情況。

Q 放置鹽醃梅子的陰涼處，是指什麼樣的地方？家裡沒有陰涼處的話，可以放冰箱冷藏室嗎？

A 陰涼處是指通風良好、沒有太陽直曬的場所。家裡如果沒有這類場所，可放在玄關等，太陽不會直接曬到的地方，每天注意觀察梅子的狀態。梅醋上升之前，不建議放入冰箱，否則梅醋不容易上升。但是，如果梅雨季節太長或晚來，繼續放在常溫環境擔心會發黴的話，等到梅醋上升大約經過兩週之後，就可以放入冰箱的蔬果室。

Q 「曬三日」可以在室內進行嗎？

A 可以把裝梅子的竹篩和梅醋放在室內能夠曬到太陽的地方。太陽移動方向的話，就換到曬得到太陽的位置。捏捏梅子外皮檢查乾燥狀態（參見P.21、P.27），如果還不夠乾，就多曬一天。

Q

沒辦法找到連續三日晴天進行「曬三日」。

A

沒辦法連續曬三天太陽也沒關係。無法曬太陽的日子就把梅子放回梅醋裡，總之要曬滿三天。乾燥完成與否的檢查標準，除了捏住外皮之外，還可以秤重，只要重量剩下曬乾前的60％左右即可。一不小心曬得太乾的話，曬到第二天就可以停止；不夠乾的話，就多曬一天。

Q

「曬三日」期間淋到雨。

A

拿廚房紙巾擦乾梅子，泡過日本燒酒後，放回梅醋裡，配合乾燥狀態，繼續重新曬乾。

Q

完成的梅乾在保存期間發黴。

A

只丟掉發黴的梅乾，剩下的裝入新的消毒容器，放冰箱冷藏保存。

Q

有些梅乾表面會覆蓋一層白色粉末，還可以吃嗎？

A

白色粉末稱為「鹽黴」，但不是黴菌，而是梅乾的檸檬酸與鈉的結晶物。熟成六年以上的梅乾，去掉白色結晶後吃看看，梅肉會略成果凍狀卻不鹹。梅乾的風味是放愈久愈溫和，據說第三年是最好吃的時候。繼續放下去還是可以吃，只是鹹味會變得更淡。

脆梅

Q

買來製作脆梅的小粒青梅變黃了，可以拿來做什麼呢？

A

那就把梅子放到熟透，用來製作小粒的梅乾吧。作法與基本梅乾一樣，但「曬三日」的步驟只要曬兩天。材料和作法如下，其他詳情請參考P.18～19、22～27。

小粒的紅梅乾（材料與作法）

①完全成熟的小粒梅800公克清洗後去蒂頭。②在夾鍊袋內交替放入小粒梅和粗鹽120公克（鹽15％），每次放入分量的一半，排出空氣後密封。③壓上重石，每天翻面，等待梅醋上升。④加入醃漬紅紫蘇葉，曬兩天太陽。

Q

今年做的脆梅軟掉了，希望明年可以做出脆度，有什麼好方法嗎？

A

重點是要使用新鮮採收的青果。沒辦法買到時，可以把蛋殼內側的薄膜去除，用熱水煮沸消毒後，裝入過濾袋，在醃漬時加入（參見P.35的步驟5）。蛋殼的鈣與梅子含有的果膠結合後，就能夠防止梅子軟化。

第二章

梅酒 梅子糖漿的樂趣

想到家裡有擺了很久的白蘭地，
我就拿來試著浸泡青梅。
香氣多麼芬芳啊。
使用不同基酒做出來的梅酒有不同的香氣。
想像著釀出的酒香，
採購時，都覺得自己好像是調香師。
最近比起梅酒，我做梅子糖漿、紅紫蘇糖漿
的次數更多，
因為孫子孫女們喜歡。
他們回到家大喊口渴，咕嚕咕嚕喝下加冰塊
的糖漿水，
就會恢復活力，立刻又跑出去玩耍。
我個人最喜歡的是黃熟梅果醬。
在烤得酥脆的吐司上抹滿奶油和酸甜果醬，
大口咬下，就是早晨最幸福的時光。

—基本款— 梅酒

●採購　五月下旬～六月中旬
●浸泡時間　二個月
●最佳飲用期　二個月之後～依照個人喜好

梅雨來臨，梅子果實經過雨水長得更大。
把在這個時期仍舊硬梆梆、尚未釋放香氣的青梅，
加入日本燒酒和冰糖浸泡，
我每年都很期待看到冰糖在酒精裡溶解，
緩慢萃取出梅子精華的模樣。
顏色和風味隨著時間改變，正是製作梅酒最大的樂趣。

六個之後

材料（方便製作的量）

青梅…500公克
＊去掉有損傷的果實再秤重。
冰糖…350公克
日本燒酒（酒精濃度35%）…900毫升

準備物品

・保存瓶（容量約2公升）
・食用級除菌酒精噴霧
・竹籤

事前準備

・清洗保存瓶晾乾後，瓶內噴上除菌噴霧。

1 清洗

青梅洗乾淨，裝進篩網裡瀝乾水分。

2 擦乾

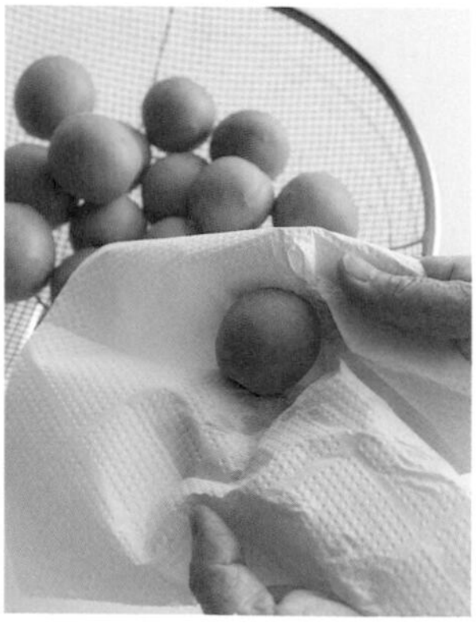

拿廚房紙巾仔細擦乾水分。
＊有水分殘留就是梅酒混濁的原因。

3

去蒂頭

用竹籤去除蒂頭。

*必須小心進行，避免竹籤破壞梅子。

4

裝瓶

把步驟 3 的梅子與冰糖交替裝入保存瓶，最後蓋上冰糖。

*梅子和冰糖交替放入，更能夠促進梅子精華萃取出來。

5

輕輕倒入日本燒酒。

*必須讓所有梅子果實都浸泡在酒裡。

6

蓋上保存瓶的蓋子，放在陰涼處保存。等到二～三個月之後就可以飲用，繼續放置半年～一年左右熟成，味道會變得更醇厚順口。

*建議時不時轉動保存瓶，讓溶解的冰糖能夠均勻分佈。

*經過一年左右，梅子精華就會滲出完畢，這時可以取出梅子。假如你喜歡清爽風味，提前在第三個月左右就可以取出梅子。梅子繼續放在裡面不取出，也不會有問題。

【一個月之後的梅酒】

冰糖逐漸溶解，但梅子精華尚未完全滲出，所以梅子漂浮在液體中。

【半年之後的梅酒】

顏色變深，梅子稍微變皺，香氣和味道的厚度都出來了，但還能夠繼續萃取出梅子的精華。

point

輕輕轉動瓶身，讓冰糖完全溶解。

六個月之後，左邊是「白蘭地梅酒」，右邊是「琴梅酒」。

白蘭地梅酒

只是更換基酒，
梅酒就有更多不同種類的變化。
不同基酒能夠製造出不同的香氣，
有機會嘗試更多有趣的梅酒。
我最推薦的基酒很經典，就是白蘭地。
琥珀色液體很美，香氣與風味芳香濃郁。
在我家最受歡迎的品嚐方式，就是加一點到紅茶裡享用。

琴梅酒

我聽到大家都說用琴酒做梅酒很好喝，所以我也來試做。
這種乾淨俐落的風味，是屬於大人的味道，
喝下一口，嘴裡會留下些許的梅香。
以往都認為製作梅酒適合用沒有特殊味道的蒸餾酒當基酒，
但是用琴酒這種有個性的酒挑戰之後，
你會發現全新的味道，而且很有成就感。

● 採購　五月下旬～六月中旬
● 浸泡時間　二個月
● 最佳飲用期　二個月之後～依照個人喜好

白蘭地梅酒

材料（方便製作的量）

青梅…500公克
冰糖…350公克
白蘭地（酒精濃度40%）…500毫升

琴梅酒

材料（方便製作的量）

青梅…500公克
冰糖…350公克
琴酒（酒精濃度40%）…500毫升

準備物品

・保存瓶（容量約2公升）
・食用級除菌酒精噴霧
・竹籤

事前準備

・清洗保存瓶晾乾後，瓶內噴上除菌噴霧。

【一個月之後的白蘭地梅酒】

酒精濃度愈高，愈能夠萃取出更多梅子精華，因此梅子的皺紋會比用日本燒酒的梅酒更多。

【半年之後的白蘭地梅酒】

梅子精華滲出完畢，梅子變得皺巴巴沉在瓶底。拿掉梅子也沒關係。

作法（兩者相同）參見P.42～43

1 青梅洗乾淨，裝進篩網裡瀝乾水分。

2 拿廚房紙巾仔細擦乾水分。

3 用竹籤去除蒂頭。

4 把步驟**3**的梅子與冰糖交替裝入保存瓶，最後蓋上冰糖。

5 輕輕倒入白蘭地或琴酒。

6 蓋上保存瓶的蓋子，放在陰涼處保存。等到二～三個月之後就可以飲用，繼續放置半年～一年左右熟成，味道會變得更醇厚順口。

【一個月之後的琴梅酒】

梅子漂浮在液體中央，梅子的精華剛開始釋出，所以液體染上淡淡金黃色。

【半年之後的琴梅酒】

顏色變成淺褐色，風味也比靜置二～三個月後更溫和順口，正是適合飲用的時候。

注：日本《酒稅法》規定，消費者自飲用的自製梅酒，必須使用酒精濃度20%以上的基酒。
（譯注：臺灣對於釀酒、私酒自用等，有很嚴格的相關法律規定，請上財政部國庫署網站查詢《菸酒管理法》。）

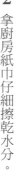

蘭姆香草梅酒

把自古以來就經常出現在日本人生活中的果梅，浸泡在遠方加勒比海的風味裡，會釀製出什麼樣的香氣呢？令人萬分雀躍期待。完成了！異國芳香與梅香完美結合，在梅酒風味比賽中，獲得眾人一致好評的冠軍配方。

材料（方便製作的量）

青梅…500公克

冰糖…350公克

蘭姆酒*（酒精濃度40％）…500毫升

香草豆莢*（連豆莢一起使用）…1根

*使用無色透明的白蘭姆酒，或是淺褐色的金蘭姆酒，滋味會比較輕盈；選用深褐色的黑蘭姆酒，就會製作出味道濃郁的梅酒。

*譯注：蘭姆酒（Rum）不是萊姆酒（Lime），前者是甘蔗釀造的蒸餾酒，後者是萊姆水果發酵酒，請不要搞混買錯。另外，香草豆莢是做西點蛋糕常用的材料，可在烘焙材料行購買。

準備物品

- 保存瓶（容量約2公升）
- 食用級除菌酒精噴霧
- 竹籤

事前準備

- 清洗保存瓶晾乾後，瓶內噴上除菌噴霧。

作法 參見P.42～43

1 青梅洗乾淨，裝進篩網裡瀝乾水分。

2 拿廚房紙巾仔細擦乾水分。

3 用竹籤去除蒂頭。

4 把步驟**3**的梅子與冰糖交替裝入保存瓶，最後蓋上冰糖。

5 輕輕倒入蘭姆酒，加入香草豆莢。

6 蓋上保存瓶的蓋子，放在陰涼處保存。等到二～三個月之後就可以飲用，繼續放置半年～一年左右熟成，味道會變得更醇厚順口。

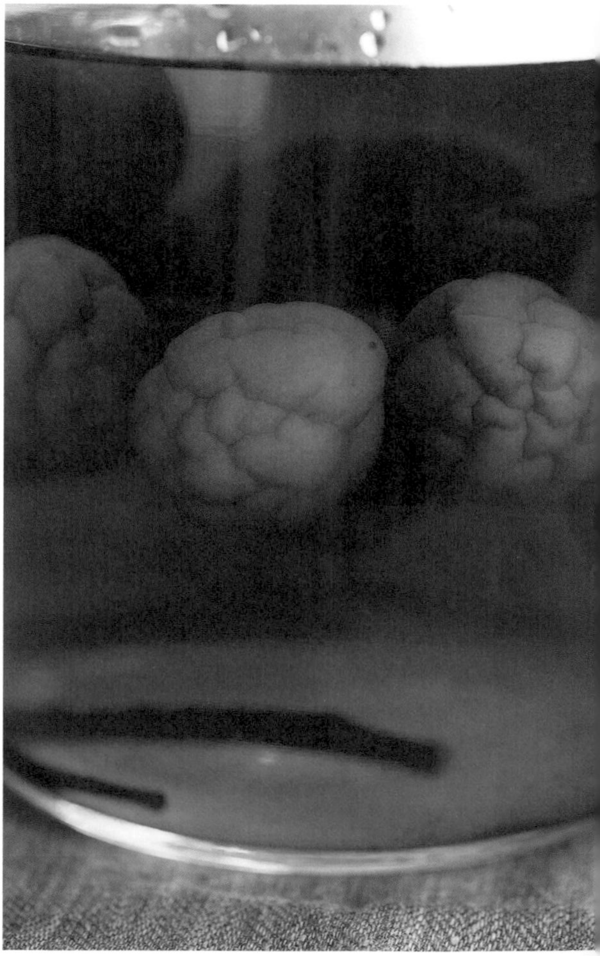

一個月後

● 採購　五月下旬～六月中旬

● 浸泡時間　二個月

● 最佳飲用期　二個月之後～依照個人喜好

【半年之後的蘭姆香草梅酒】

皺巴巴的梅子完全沉在瓶底。浸泡二個月之後也很好喝，不過繼續靜置熟成，喝起來更溫和順口。

note

梅酒的品嚐方式

◎直接喝

我聽說有些夫妻會把梅酒當成餐前酒，用Shot杯品嚐。當然加冰球或兌蘇打水喝也可以，但這樣喝或許不是最理想的喝法，因為梅酒不僅能夠提高食慾，而且自古以來認為梅子能夠防止食物中毒。

在我家，都是在飯後喝。有空時，我和丈夫會一邊小酌一邊聊天。梅酒香甜順口，不自覺就會喝太多，所以務必要小心。

睡不著的時候，我也會用梅酒兌熱開水喝，很快就能入睡而且一覺到天亮。

◎用來做菜、做點心

煮燉豬肉、照燒雞肉、紅燒青甘或沙丁魚時，用梅酒代替料理酒和糖，可以消除肉類和魚類的腥味，還能夠讓肉質飽滿柔軟。另外，梅酒加入吉利丁或寒天凝固，就是最適合、最清爽的飯後甜點。梅酒裡面的梅子經常會剩下來，直接加進打發鮮奶油或奶油乳酪，或是切碎加入磅蛋糕裡，也都很美味。接下來將介紹用梅酒加白開水和白糖，冷凍做成的簡單冰沙。

西西里梅酒冰沙

一吃下去，口腔瞬間變得清爽。需要加水是因為酒精濃度太高的話，不易結凍。

材料（方便製作的量）

梅酒…1杯
白開水…1/2杯
白砂糖…30公克

作法

1 把所有材料放入鍋中開火煮，攪拌混合直到砂糖溶解。煮滾後離火，等降溫到手可以碰的溫度。

2 倒入深烤盤裡，放入冰箱冷凍5～6小時等待凝固，接著取出來用叉子等刮一刮，再繼續放回冷凍。

3 拿湯匙舀起作法2，裝在事先放冷凍冰過的容器裡，端上桌享用。

—基本款—
原味梅子糖漿

糖漿放得愈久愈透明，看起來很美。
必須盡快讓糖溶解，才能夠避免發酵，
因此使用白砂糖會比使用冰糖更適合。
只加白砂糖的話，甜味會太過強烈，弱化了梅子的風味，
因此我建議最理想的方式是冰糖和白砂糖各一半。

- 採購　五月下旬～六月中旬
- 浸泡時間　三週
- 最佳飲用期　三週之後～一年

材料（方便製作的量）

青梅…500公克

冰糖…250公克

白砂糖…250公克

準備物品

・保存瓶（容量約1.5公升）　・竹籤

・食用級除菌酒精噴霧

事前準備

・清洗保存瓶晾乾後，瓶內噴上除菌噴霧。

1

清洗

青梅洗乾淨，裝進篩網瀝乾水分。

2

去蒂頭

拿廚房紙巾仔細擦乾水分，用竹籤去除蒂頭。

*竹籤破壞梅子、有水分殘留，都是糖漿混濁的原因。

3

裝瓶

保存瓶底部放入步驟2的梅子，接著依序加入白砂糖、冰糖，交替層疊，最上面是冰糖。

*一般來說，原味梅子糖漿的糖用量與梅子等重，但是除了冰糖之外，一半用白砂糖代替，才能夠加快糖的溶解速度，使梅子精華更快被萃取出來。

4

蓋子密封蓋好，放在陰涼處保存。

*把不易溶解的冰糖放在最上面，可以加快萃取出梅子的精華。

5

傾斜

糖漿出現後，每天傾斜並轉動容器一次，讓糖漿遍布所有梅子。

*轉動瓶子可以讓砂糖更快溶解，防止發黴。如果出現氣泡、快發酵了，請放入冰箱冷藏。

6

經過十天左右，糖完全溶解，梅子變得皺巴巴。繼續放二週，液體就會稍微上色。

*等到糖溶解、梅子變皺，就可以喝了，但是繼續放一個月的話，梅子的風味會更濃郁。

7

完成。取出梅子，冷藏保存。喝的時候，加四～五倍的水等稀釋。

*梅子也能吃，所以也可以冷藏保存。

薑汁梅子糖漿

- 採購　五月下旬～六月中旬
- 浸泡時間　二週
- 最佳飲用期　二週之後～一個月

薑的微嗆辣瞬間就讓鼻腔暢通，搭配上清爽的青梅浸漬試試。把浸泡糖漿的薑拿來做薑汁豬肉燒，能夠嚐到酸甜風味，使料理更美味。

材料（方便製作的量）

青梅…500公克
嫩薑…250公克（薑絲）
冰糖…250公克
白砂糖…250公克

準備物品

- 保存瓶（容量約1.5公升）
- 食用級除菌酒精噴霧
- 竹籤

事前準備

- 清洗保存瓶晾乾後，瓶內噴上除菌噴霧。

作法

1 青梅洗乾淨，裝進篩網裡瀝乾水分。

2 拿廚房紙巾仔細擦乾水分，用竹籤去除蒂頭。（參見P.49）

3 嫩薑去皮、切絲。

4

保存瓶底部放入步驟**2**的梅子、**3**的薑絲，接著依序加入白砂糖、冰糖，交替層疊，最上面是冰糖。

5

糖漿出現後，每天傾斜並轉動容器二～三次，讓糖漿遍布在所有梅子上。

＊加入薑絲容易混合不均，也容易發酵，因此需要增加轉動瓶子的次數。一旦出現氣泡、發酵了，就把蓋子打開排氣。如果還是很擔心，可以放入冰箱冷藏。

6

經過十天左右，糖完全溶解的話，就繼續放一週，等到梅子的風味釋出，就完成了。拿掉梅子和薑絲，冷藏保存。

香料梅子糖漿

●採購　五月下旬～六月中旬
●浸泡時間　三週
●最佳飲用期　三週之後～一個月

我曾經以為浸泡薄荷葉，一定能夠製作出風味乾淨涼爽的糖漿，沒想到糖漿一下子就變成褐色，結果令人失望。製作時，使用的香料藥草必須選擇迷迭香這類葉片厚的植物，而且如果在步驟一開始就加入藥草，很容易腐壞，必須等糖溶解後才能加入。

材料（方便製作的量）

青梅…500公克
新鮮迷迭香（葉片）…30公克
＊洗過並擦乾
冰糖…250公克
白砂糖…250公克

準備物品

・保存瓶（容量約1.5公升）
・食用級除菌酒精噴霧
・竹籤

事前準備

・清洗保存瓶晾乾後，瓶內噴上除菌噴霧。

作法

1 青梅洗乾淨，裝進篩網裡瀝乾水分。

2 拿廚房紙巾仔細擦乾水分，用竹籤去除蒂頭。（參見 P.49）

3

保存瓶底部放入步驟**2**的梅子，接著依序加入白砂糖、冰糖，交替層疊，最上面是冰糖。

4

糖漿出現後，每天傾斜並轉動容器二～三次，讓糖漿遍布在所有梅子上。經過十天左右，糖完全溶解的話，就加入迷迭香葉片。

5

直到迷迭香浮起之前，要時不時轉動瓶子，浸泡二週就完成了。完成後過濾，拿掉梅子和迷迭香，冷藏保存。

＊浸泡期間若是出現氣泡、發酵了，就把蓋子打開排氣。如果還是很擔心，可以放入冰箱冷藏。

蜂蜜梅子糖漿

●採購　五月下旬～六月中旬
●浸泡時間　三週
●最佳飲用期　三週之後～一個月

蜂蜜的金黃色在青梅的襯托下顯得很美，
每次轉動瓶子我都會看得入迷。
浸泡完成後，青梅就像盡完了義務，
變得硬梆梆又縮得皺巴巴，
但糖漿中融合了蜂蜜的濃郁風味與梅子的酸味，
這麼有深度的味道最適合大人品嚐。

材料（方便製作的量）
青梅…500公克
蜂蜜…500公克

準備物品
·保存瓶（容量約1.5公升）
·食用級除菌酒精噴霧
·竹籤

事前準備
·清洗保存瓶晾乾後，瓶內噴上除菌噴霧。

作法

1 青梅洗乾淨，裝進篩網裡瀝乾水分。

2 拿廚房紙巾仔細擦乾水分，用竹籤去除蒂頭。（參見P.49）

3

保存瓶底部放入步驟2的梅子，接著在所有梅子淋上蜂蜜。

4

每天傾斜並轉動容器一次，讓糖漿遍布在所有梅子上。
＊蜂蜜經常會沉積在底下，別忘了轉動瓶子，以免出現氣泡、發酵。

5

經過三週左右，梅子完全變得皺巴巴、糖漿的顏色變深的話，就完成了。取出梅子，冷藏保存。

粉紅梅子糖漿

●採購　五月下旬～六月中旬
●浸泡時間　一個月
●最佳飲用期　一個月之後～一年

青色的小粒梅混入帶少許紅色的小粒梅，可以變身成染上粉紅色的迷人糖漿。
有人說，小粒梅的果肉少，不適合做成糖漿，才沒這回事。
這種有黃金甘露糖*風味的糖漿，最近人氣正旺。
（*譯注：黃金甘露糖是日本kanro公司出品的醬油味糖果，歷史相當悠久。）

準備物品
・保存瓶（容量約1.5公升）
・食用級除菌酒精噴霧
・竹籤

事前準備
・清洗保存瓶晾乾後，瓶內噴上除菌噴霧。

材料（方便製作的量）
小粒梅…500公克
冰糖…500公克

作法

1 小粒梅洗乾淨，裝進篩網裡瀝乾水分。

2 拿廚房紙巾仔細擦乾水分，用竹籤去除蒂頭。（參見P.49）

3

保存瓶底部放入步驟2的梅子，與冰糖交替層疊，最上面是冰糖。糖漿出現後，每天傾斜並轉動容器一次，讓糖漿遍布在所有梅子上。
*轉動瓶子可讓糖漿盡快上升。

4

經過一個月左右，小粒梅變得皺巴巴，就完成了。

5

過濾，拿掉梅子，冷藏保存。

紅紫蘇糖漿

●採購　六月中旬～七月中旬
●最佳飲用期　做好當天～一年

把這個糖漿兌水端上桌，
第一次看到的人，
都會為這種美麗的紅寶石色而驚嘆。
紅紫蘇果汁的冰涼酸甜味，
瞬間就能夠讓因盛夏酷熱而疲憊的身軀，
恢復活力。

材料（方便製作的量）
紅紫蘇…3把
（可使用的葉子300公克）
白砂糖…300公克
白開水…4杯
醋…3/4杯

準備物品
・保存瓶（容量約1公升）
・食用級除菌酒精噴霧

事前準備
・清洗保存瓶晾乾後，瓶內噴上除菌噴霧。

1

紅紫蘇摘下葉子去莖（葉基的紅色葉柄留著），準備300公克葉子。

2

把紅紫蘇葉放入大調理盆裡清洗乾淨，用篩網撈起，靜置約1小時瀝乾，再拿廚房紙巾擦乾水分。
＊紅紫蘇葉就算沾到土也不明顯，所以必須仔細清洗。

3

用大鍋子煮沸滾水，分四次放入紅紫蘇葉。

*之後要加醋，所以不能用鋁鍋，建議使用耐酸的不鏽鋼鍋或琺瑯鍋。

4

上下翻面，同時以中火煮2~3分鐘，等到葉子變綠色就關火。

*紅紫蘇葉的花色素苷加熱就會變成綠色。

5

把篩網放在調理盆上，過濾步驟**4**。拿飯杓用力擠壓留在篩網上的紅紫蘇葉，把湯汁擠出來。

6

把步驟**5**過濾出來的湯汁倒回鍋中開火煮，煮滾後加入白砂糖。

7

一邊撈掉雜質，一邊以中火煮約3分鐘。

8

最後加入醋，以中火一邊煮一邊慢慢攪拌，煮滾後，繼續加熱約2分鐘。

9

等到液體變成鮮豔的紅寶石色，關火。

*紅紫蘇葉的色素「花色素苷」遇到酸性的醋產生反應，就會變成漂亮的紅色。

10

等降溫到手可以碰的溫度後，裝瓶，冷藏保存。要喝時，可加二~三倍的白開水等稀釋。

*加蘇打水、日本燒酒也可以，加優格享用也很推薦。

黃熟梅果醬

●採購　六月中旬～七月上旬
●最佳飲用期　做好當天～一年

做成果醬，把熟到變黃的果梅甜香
濃縮在小瓶子裡，
不管誰收到這份禮物都會很開心。
果醬的材料必須壓碎，
因此可利用醃製梅乾時淘汰的損傷梅子。

材料（成品重量 800 公克）
完全成熟的果梅…500 公克
白砂糖…450～500 公克

準備物品
・保存瓶（容量約 200 毫升）4個
・竹籤

事前準備
・保存瓶煮沸消毒。

1

完全成熟的果梅洗乾淨，用篩網撈起，拿廚房紙巾仔細擦乾水分。用竹籤去除蒂頭。（參見 P.19）用琺瑯鍋煮滾熱水，放入梅子。

2

再度煮滾後，繼續煮約 1 分鐘，煮到外皮破損脫落，再用漏杓撈出，放入架在調理盆上的篩網裡。

3

拿飯杓壓碎梅子，順便過濾。

＊500公克果梅水煮後去籽，約可取得400～450公克的果肉。

4

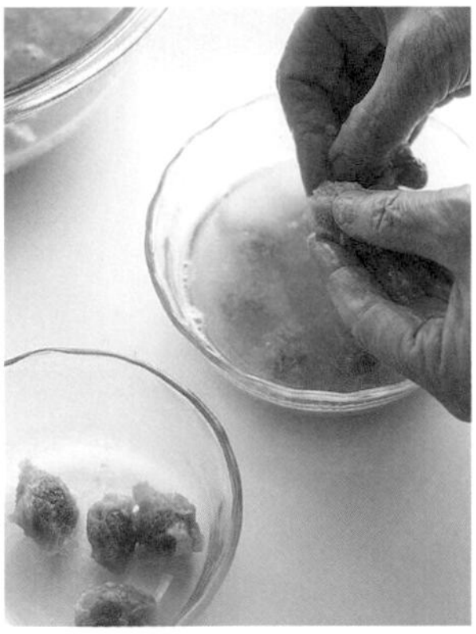

準備1/2杯白開水，放入剩下的籽清洗，把黏在籽上的果肉剝乾淨。

＊籽外圍的果肉最好吃，所以要盡可能刮乾淨。

5

把步驟**3**的果肉和步驟**4**的果肉放入琺瑯鍋，加入水、白砂糖，以中火煮。

＊砂糖卡在鍋底容易燒焦，因此必須仔細攪拌鍋底每個角落，讓砂糖溶解。

6

煮滾後，撈除雜質（白色泡沫）。

7

轉小火，繼續攪拌，煮約10分鐘。

＊如何判斷果醬煮好了？調理盆內裝冰水，撈起一匙果醬滴進冰水裡，果醬變成軟糖狀就完成了。

8

趁熱用漏杓把果醬從瓶口邊緣的位置倒入裝瓶。

＊一口氣將熱果醬倒滿整個容器，是為了不讓空氣混入其中。

9

蓋上蓋子，倒扣瓶身，放到變冷為止。

＊這樣做可以徹底排出空氣，延長保存時間。

10

完成。果醬可放常溫保存，但是開封後就需要放冰箱冷藏保存，並且盡早用完。

糖水煮青梅

●採購　五月下旬～六月中旬
●最佳品嚐期　做好的二、三天之後～三個月

製作時抑制了甜味，所以與其說是日式甘露煮*青梅，更像是法式糖水煮青梅。保持外皮不破也可以，但有點破皮會更入味。
最重要的是味道，外觀不太要求，所以儘管輕鬆製作吧。

（*譯注：甘露煮是日本延長食物保存的烹調方式。通常是魚乾煎之後，加入醬油、味醂、大量白糖或麥芽糖燉煮到有光澤、魚骨都煮軟了為止。）

材料（方便製作的量）

青梅…500公克
＊為了避免煮爛，請挑選果實大、果肉偏硬、沒有損傷的梅子。
白砂糖…500公克
白開水…2杯

準備物品

・保存容器（約17公分的四方形）
・竹籤
・珠針（裁縫用）
・溫度計（烘焙用）
・食用級除菌酒精噴霧

事前準備

・清洗保存容器晾乾，容器內噴上除菌噴霧。

1

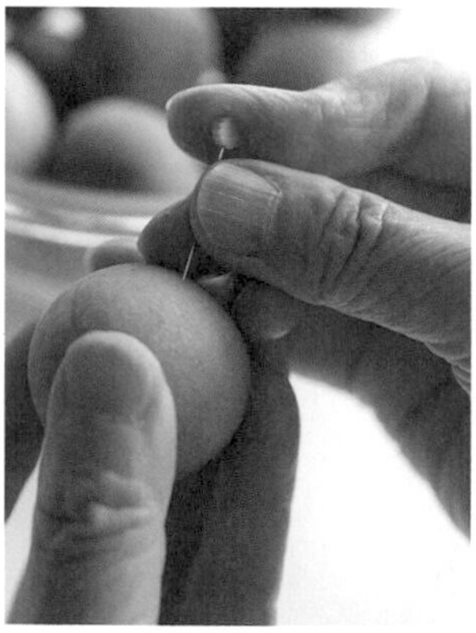

青梅洗乾淨，用篩網撈起瀝乾。用竹籤去除蒂頭。（參見P.43）拿珠針在每顆青梅上刺大約十五～二十個洞，必須刺到中心。
＊洞愈小，梅子愈不容易煮爛，所以建議用珠針。竹籤太粗，而且容易弄破外皮。

2

第一次去澀。梅子排在琺瑯鍋裡，加水（另外準備）淹過梅子，以小火慢慢煮17～18分鐘。

3

煮到60℃時關火，輕輕撈出梅子，倒掉熱水。

＊絕對不能煮到水滾！一旦超過60℃，梅子就會突然變軟且容易破皮。

4

第二次去澀。與步驟 **2** 同樣煮到60℃為止。

＊梅子的顏色變黯淡，表面有光澤。

5

撈出梅子，放在鋪著廚房紙巾的篩網上瀝乾。

6

在琺瑯鍋裡加入梅子、白砂糖、白開水，拿較厚的廚房紙巾蓋在材料上。

7

以小火煮，注意不要煮滾，煮20～30分鐘，煮到70℃為止。

＊為了不使溫度上升，所以不蓋上鍋蓋。

8

只要有一顆梅子的外皮綻開，就代表煮好了。關火。

9

蓋上鍋蓋，悶約10分鐘。

＊這段期間梅子會變軟。

10

等降溫到手可以碰的溫度後，裝進容器，蓋上廚房紙巾，蓋上蓋子，冷藏保存。

＊靜置一～三天，就能夠去澀。另外，保存容器要選擇方便取出梅子的廣口類型。

砂糖漬青梅

● 採購　五月下旬～六月中旬
● 醃漬時間　二週
● 最佳品嚐期　二週之後～六個月

滋味酸甜，口感爽脆，正是流了一身汗之後最適合的茶點。放進冰箱冷藏保存，即使放半年，仍然可以保持爽脆口感。剩下的糖水也不要扔掉，請兌水或兌蘇打水享用。

材料（方便製作的量）

青梅⋯600公克
日本燒酒⋯2大匙
粗鹽⋯60公克（梅子重量的10%）
白砂糖⋯400公克

準備物品

・保存瓶（容量約1.5公升）
・食用級除菌酒精噴霧
・竹簍

事前準備

・清洗保存瓶晾乾後，瓶內噴上除菌噴霧。

1

青梅洗乾淨，放入大調理盆裡，裝滿水浸泡約4小時去澀。以篩網撈起，拿廚房紙巾仔細擦乾水分。用竹籤去除蒂頭。（參見P.49）

2

放入調理盆裡，淋上日本燒酒抹勻。

3

接著加鹽，仔細抹在梅子上，靜置3～4小時等待粗鹽溶解、排出水分。

＊這個步驟能夠讓籽更容易分離。

4

洗掉粗鹽，拿廚房紙巾擦乾水分。

5

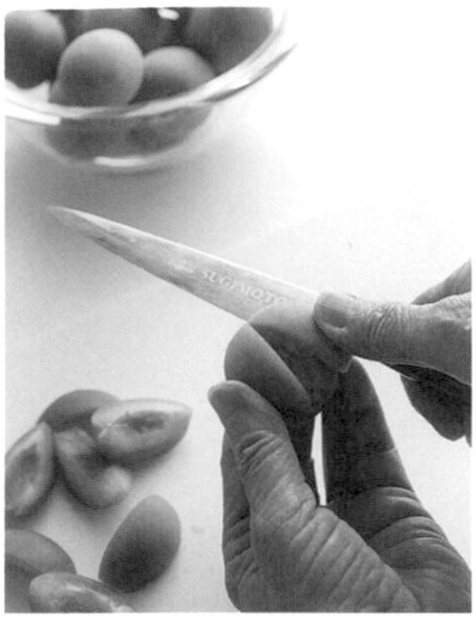

刀子沿著梅子的溝劃刀切開，把一顆梅子切成4等分，取下果肉，拿掉籽。

6

把步驟**5**的梅子和白砂糖交替放進保存瓶裡，最後蓋上白砂糖。

＊交替放入，梅子的精華會更容易滲出。

7

蓋上蓋子，放在陰涼處保存。一～二天後如果出現糖漿，時不時就搖一搖，幫助白砂糖溶解。

8

等到白砂糖溶解完畢，就完成了。放冰箱冷藏保存。

＊想要保留爽脆口感，就必須放在冷藏室。放常溫會變軟。

梅肉精

完成的量，不到梅子重量的5%。
由此可知市售的梅肉精為什麼昂貴。
我以前是用磨泥器把青梅磨碎，再擠出果汁，
這種作法太麻煩，
用果菜榨汁機就變得輕鬆許多。
我們家的習慣是每天早上舀起掏耳棒一杓的量，
加入果汁裡飲用。

●採購　五月下旬～六月中旬
●最佳品嚐期　做好當天～一年以上

note

◎梅肉精有什麼功效？

梅肉精濃縮了青梅的營養，從以前就是廣受喜愛的健康食品，可攝取到梅乾去鹽的藥效（參見P.37）。雖然並非如藥品一樣能夠立即發揮作用，但有助於維持健康。

◎家裡沒有果菜榨汁機怎麼辦？

雖然比較花時間，但可以用磨泥器把梅子磨碎。磨泥器建議選用耐酸、網格細且穩定的陶瓷製品，磨起來更順手。

◎剩下的籽呢？

浸泡在醬油裡，就能夠做出帶有些許酸味的梅香醬油。（參見P.64）

◎擰乾後的殘渣丟掉怕浪費？

梅肉精需要的是擠出來的汁，因此會剩下許多擰乾的殘渣。這些殘渣仍然保有青梅的風味，做成青梅果醬會有意想不到的美味。

作法

青梅的殘渣200公克、白開水2杯、白砂糖250公克放入琺瑯鍋攪拌均勻，煮到收乾，小心別燒焦。

材料（完成的量　40毫升）

青梅…1公斤

準備物品

・小保存瓶

・竹籤

・果菜榨汁機*

（*譯注：渣與汁會分離那種。）

事前準備

・保存瓶煮沸消毒。

1

青梅洗乾淨，用篩網撈起，拿廚房紙巾仔細擦乾水分。用竹籤去除蒂頭。（參見P.49）

2

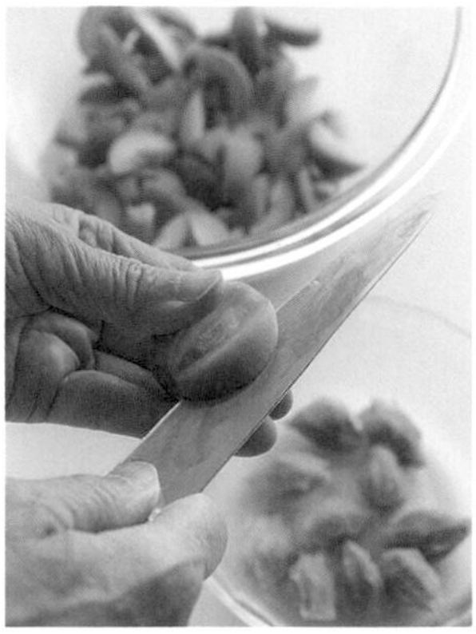

拿刀子順著梅子的溝縱切成4等分，取下果肉，去籽。

*盡量保持果肉完整。

3

果肉放進果菜榨汁機，榨出果汁。

4

把步驟**3**的果汁放入琺瑯鍋，以中火煮到滾。

*鍋子請使用耐酸的琺瑯鍋或不鏽鋼鍋。這裡使用的是直徑20公分的琺瑯鍋。

5

撈掉雜質，以中小火煮，偶爾攪拌一下。煮到液體變稠就轉小火，必須確實攪拌到鍋底的每個角落，煮約40分鐘。

6

果汁減少，出現黑色光澤，濃稠到可以用鍋鏟在鍋底畫出一條線，關火。

7

裝進保存瓶，放常溫保存。

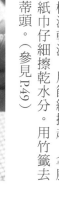

青梅醬油

把生的青梅浸泡在醬油裡，希望把梅子的清爽香氣和酸味轉移到醬油中。品嚐生魚片、冷涮涮鍋、涼拌豆腐、海菜、涼拌菜等的時候，可用來代替酸桔醋醬油。

- ●採購　五月下旬～六月中旬
- ●醃漬時間　一個月
- ●最佳品嚐期　一個月之後～六個月

材料（方便製作的量）

青梅…300公克

醬油…350毫升

準備物品

・保存瓶（容量約1.5公升）

・食用級除菌酒精噴霧

・竹籤

事前準備

・清洗保存瓶晾乾後，瓶內噴上除菌噴霧。

・青梅洗乾淨，用篩網撈起，拿廚房紙巾仔細擦乾水分。用竹籤去除蒂頭。（參見P.49）

作法

把青梅放入乾淨的保存瓶內，倒入醬油。靜置約二週，等到梅醋停止上升，就放進冰箱冷藏室保存。

*拿出梅子切碎，可用來做炒飯等。繼續浸泡在醬油裡也沒關係。

【六個月之後】梅子的酸味與香氣完全轉移到醬油裡，突顯醬油的鮮味。

note

砂糖漬青梅（參見P.60～61）、梅肉精（參見P.62～63）剩下的籽，也可以浸泡在醬油裡。青梅籽醬油的香氣和酸味固然不比青梅醬油明顯，但同樣好用。

黃熟梅味噌

●採購　六月中旬～七月上旬
●醃漬時間　一個月
●最佳品嚐期　一個月之後～六個月

用加了砂糖的味噌，醃漬釋放甜香味的成熟果梅，一個月過後，梅子變軟，味噌變得酸甜濃稠，鮮味也變得更有深度。可以當生菜的沾醬，也可以淋在烤魚或烤肉等上，用途很廣泛。

材料（方便製作的量）

完全成熟的果梅…300公克
味噌…300公克
白砂糖…150公克

準備物品

・保存容器（約15公分的四方形）
・食用級除菌酒精噴霧
・竹籤

事前準備

・清洗保存容器晾乾，容器內噴上除菌噴霧。
・青梅洗淨，用篩網撈起，拿廚房紙巾擦乾水分。用竹籤去除蒂頭。（參見P.19）

作法

1 味噌和白砂糖放入調理盆裡，混合均勻。

2 把一半步驟**1**的味噌鋪在保存容器裡，排上梅子，用剩下的味噌蓋住梅子，再把表面抹平。

3 保鮮膜緊貼著味噌蓋住，蓋上蓋子，放入冰箱冷藏室，醃漬約一個月。

製作梅酒、梅子糖漿遇到困難時

梅酒和梅子糖漿的種類千變萬化，也因此會衍生出各式各樣的問題。以下將提供液體混濁、發酵時，應該如何處理的方法。

梅酒

Q 也可以用日本酒、葡萄酒等浸泡嗎？

A 多數日本酒的酒精濃度是15%左右，葡萄酒比這更低，平均約12%。前面在基本款梅酒中介紹過的基酒——日本燒酒是35%。梅酒的基酒如果酒精濃度太低，就不容易萃取出梅子精華，所以建議最少必須使用35%以上的基酒。

此外，使用酒精濃度低於20%的基酒，很可能釀造出酒精，因此日本《酒稅法》明文禁止。除了書中提過的白蘭地、蘭姆酒之外，也推薦使用威士忌。

Q 完全成熟的果梅香氣很棒，我希望把這個香氣鎖在梅酒裡，可以用這種果梅浸泡嗎？

A 作法與青梅相同，但使用熟梅的話，就不需要泡水去澀，而且果實容易損傷，所以清洗時必須加倍小心。

另外，使用熟梅比使用青梅更容易發黴，浸泡過程中必須勤勞觀察，注意轉動瓶子，讓糖能夠裹滿梅子。

Q 我不喜歡太甜，可以減糖嗎？

A 減糖就不容易萃取出梅子精華，必須耗費更多時間，而且味道和酸味也會比較強烈，讓人覺得「不好喝」。如果想減糖，請至少維持五成，應該就沒問題了。

Q 浸泡的梅子何時可以取出呢？

A 如果是以基本款的建議量浸泡，經過三個月左右，梅子的精華大部分都萃取出來了，所以如果希望味道清淡一點，這時候就可以把梅子拿掉。假如希望顏色和風味更濃郁的話，放一年左右，等梅子的精華滲出完畢，就可以取出梅子了。拿出來的梅子可以用來做磅蛋糕等。

Q 梅酒變混濁了。

A 使用損傷的梅子、過熟的梅子，都是造成混濁的原因。如果很介意，可以把梅子拿掉，將液體倒進鋪著偏厚廚房紙巾的篩網裡過濾，再放回乾淨的瓶子裡。拿出來的梅子可以用來製作果醬等。

梅子糖漿 Q&A

Q 瓶子裡開始發酵了，該怎麼辦？

A 薑汁和香料藥草等，多了特殊添加物的糖漿，會很容易發酵。一看到開始冒泡發酵，就把蓋子打開，排出累積在瓶中的氣體後，再放入冰箱冷藏室保存。

發酵太嚴重時，把糖漿加熱就可以阻止發酵。作法是，拿掉發酵的成分，只把糖漿過濾後倒進鍋子（鋁鍋以外的鍋子），梅子放回瓶子，裝著糖漿的鍋子加熱，仔細撈除漂浮的雜質，直到煮滾。等到不再出現雜質，趁熱倒進裝梅子的瓶子，就完成了。

Q 我聽說可以用冷凍過的梅子製作。真的可以嗎？

A 冷凍會破壞梅子的纖維，所以能夠快速萃取出梅子精華，但另一方面，也會導致糖沉澱，因此需要每天攪拌混合。成品沒有太大差別，所以可依照個人喜好選擇是否使用冷凍梅子。

Q 可以用完全成熟的果梅製作嗎？

A 與梅酒一樣，梅子糖漿也可以用熟梅製作。熟梅無須泡水，洗過後仔細擦乾水分，就可以直接浸泡，但每天都必須轉動瓶子，讓糖裹滿梅子。

Column

吃青梅會肚子痛？

我相信有不少人小時候都聽過這種說法。肚子痛的主要原因是青梅所含的扁桃苷。尤其是小孩子吃下之後，就會頭痛或頭暈，因此大人必須提醒小孩子不要吃青梅。

扁桃苷會隨著梅子成熟而逐漸減少，把梅子醃漬或浸泡在鹽、糖、酒精裡或加熱，這種物質就會消失。

第三章

梅 日日美味料理

我家從以前就經常在料理中加入梅乾，
梅乾是我們家用來決定味道的調味料，
尤其適合搭配油脂豐富的肉類、
有特殊味道的魚類，
還能夠軟化較硬的肉。
使用梅乾入菜，順便也補充了甜味，
最後加入少許醬油，
成品就會呈現溫和的風味。
但是，最好別用減鹽梅乾做菜，
因為它的酸味強烈，味道不穩定。
事先把梅乾的梅肉拍成泥狀，
可以立刻加進涼拌菜或沙拉裡，
用起來很方便。
經常被倒掉的梅醋（醃梅乾產生的精華液）也可入菜。
煮飯時加入紅梅醋一起煮，
不但漂亮而且好吃，人人看了都開心。

梅香紅燒豬

只是加入梅乾，就足以使豬肉變軟嫩，
梅乾不但能夠當調味料，
其特有的酸味和鹹味
也可以讓紅燒豬肉的滋味更添深度。

材料（2～3人份）

豬梅花肉塊…400公克
水…1杯
梅乾…3顆（45公克）
嫩薑…1塊*
　*切薄片。
A
料理酒…1/2杯
醬油…1大匙
味醂、砂糖…各2大匙

作法

1. 豬肉和材料裡的水放入鍋中煮滾，撈掉雜質。加入薑、整顆的梅乾、**A**，蓋上鍋蓋，以小火煮50分鐘～1小時。
2. 煮到肉能夠用竹籤輕鬆刺穿，拿掉鍋蓋，繼續煮到滷汁剩下¼杯左右，讓肉裹上濃縮滷汁。
3. 等降溫到手可以碰的溫度後，把豬肉切成1公分厚的肉片，盛盤淋上濃縮滷汁。

（*譯注：日本食譜中的嫩薑「一塊」，通常是指大拇指指甲的大小。）

材料（２人份）
豬肉片…150公克
高麗菜…1/4顆
＊切成一大口大小。
洋蔥…1/2顆
＊順紋切成１公分寬的洋蔥絲。
蒜仁…1/2粒
＊切薄片。
沙拉油…１大匙
A（事先混合）
梅乾…１大顆（20公克）
＊撕碎梅肉，去籽。
味噌…１又1/2大匙
料理酒…1/2大匙
醬油、砂糖…各1/2大匙

作法

1 以平底鍋加熱沙拉油，放入豬肉炒到變色。

2 加入蒜片炒出香氣之後，弄散洋蔥絲加入，大略炒過，最後加入高麗菜，再繞圈淋上**A**拌炒。

梅醬豬肉炒高麗菜

回鍋肉風格的甜味噌熱炒，
加上隱約嚐到的梅乾酸味，
令人食慾大增。

梅香牛蒡豬肉捲

牛蒡和梅乾，
甜鹹醬汁和梅乾，
利用這兩種最適合搭配的組合，
輕輕鬆鬆就做出一道美食。

材料（2人份）

豬梅花肉片…10片（150公克）
牛蒡…1根（150公克）
＊切成8公分長的細絲。
梅乾…2顆（30公克）
＊去籽，用菜刀把梅肉剁成泥。
沙拉油…1/2大匙
A（事先混合）
料理酒、味醂…各1又1/2大匙
醬油…2小匙
砂糖…1/2大匙
水…4大匙

作法

1 牛蒡放入耐熱容器，蓋上保鮮膜不要封緊，以600W微波加熱約2分鐘。等降溫到手可以碰的溫度，再切成細絲。

2 豬肉片縱向攤平，將梅肉均分成10等分抹上。作法**1**的牛蒡絲也同樣分成10等分，放在靠近自己這邊的豬肉片上，向前捲緊。

3 平底鍋加熱沙拉油，把作法**2**的封口朝下放入鍋中，蓋上鍋蓋，留一個縫，以中小火煎。等到封口煎熟固定，翻面，繼續煎約4分鐘。

4 煎出焦黃色後，繞圈淋上**A**，蓋上鍋蓋，以小火燜煮3～4分鐘。最後拿掉鍋蓋，把汁收乾，讓醬汁裹在肉捲上。

梅乾糖醋肉

糖醋肉的糖醋醬改用梅乾代替醋，酸甜對比明顯的芡汁，與炸得酥香的豬肉堪稱完美組合。

材料（2人份）

豬梅花肉塊（做炸日式豬排用的）…2片（200公克）
＊切成一口大小。

A
料理酒、醬油…各1/2大匙
薑泥…1小匙
片栗粉*…3大匙

洋蔥…1/2顆
＊順紋切成3公分寬的楔形，再對半橫切後剝散。
沙拉油…1/2大匙

B（事先混合）
砂糖…1又1/2大匙
醬油…1/2大匙
水…1/2杯
片栗粉…2/3大匙
梅乾…2顆（30公克）
＊去籽，撕碎梅肉。

炸油…適量

（＊譯注：成分是馬鈴薯澱粉，商品名稱為片栗粉、日本太白粉。）

作法

1 豬肉裝進塑膠袋內，加入**A**，搓揉後靜置約10分鐘。

2 平底鍋裡倒入2公分高的炸油，加熱到170℃。把作法**1**裹上片栗粉，放入鍋中油炸約3分鐘，盛起。

3 把作法**2**的平底鍋清乾淨後，加熱沙拉油，放入洋蔥，炒到透明，再把B繞圈倒入鍋中。等到醬汁變稠，加入作法**2**拌炒。

梅香豬肉白菜滷

食材是豬肉和大白菜，
調味料只有料理酒和梅乾，
這樣的組合就能夠催生出絕妙美味。

材料（2人份）
豬肉片…150公克
＊較大的肉片可切成一口大小。
大白菜（包心白菜）…1/6顆
＊對半縱切剖開後，把菜梗切成4～5公分長，菜葉切成5～6公分長，分開菜梗和菜葉。
水…1杯
料理酒…2大匙
梅乾…3顆（45公克）

作法

1 以鍋子煮滾材料裡的水，放入豬肉，剝散。煮到變色就撈掉雜質。

2 依序加熱白菜的菜梗、菜葉，加入料理酒，撕碎梅乾，連籽一起加入。蓋上鍋蓋，偶爾上下翻拌，煮約10分鐘，直到大白菜煮軟。

梅香炸雞塊

用梅乾、薑、料理酒醃漬雞肉，再裹上片栗粉，炸到酥脆，最神奇的是雞肉多汁卻吃不出酸味。

材料（2人份）

去骨雞腿肉…2小塊（400公克）
＊切成一大口大小。

A
料理酒…2大匙
薑泥…1/2大匙
梅乾…3大顆（60公克）
＊去籽，用菜刀把梅肉剁成泥。

片栗粉…適量
炸油…適量

作法

1 把雞肉和**A**放入調理盆，充分搓揉直到液體全被吸收。

2 將作法**1**裹滿片栗粉。

3 平底鍋裡倒入2公分高的炸油，加熱到180℃。放入作法**2**油炸，避免雞肉黏在一起，偶爾翻面，炸約5~6分鐘，直到全都變得酥脆金黃後，撈起瀝油盛盤。

充分搓揉直到**A**的液體全被吸收，使雞肉入味。

梅香雞翅滷蘿蔔

加入梅乾，可使雞肉的骨肉更容易分開，吸飽鮮味的白蘿蔔，風味更是一絕。

材料（2人份）

雞翅…6支（350公克）
水…1杯
白蘿蔔…1/3條
＊切成一口大小的滾刀塊。
梅乾…2顆（30公克）
嫩薑…1塊
＊切薄片。

A
料理酒、味醂…各2大匙
醬油…1大匙
砂糖…1/2大匙

作法

1 以鍋子煮滾材料裡的水，放入雞翅再次煮滾。撈掉雜質後，加入白蘿蔔、整顆的梅乾、薑片、**A**。

2 再次煮滾後，拿小一圈的鍋蓋（或廚房紙巾、鋁箔紙均可）直接壓在食材上，以小火煮30～40分鐘，直到白蘿蔔變軟為止。

梅香雞肉燉菜

這是一道嚐起來很清爽的燉煮料理。
梅乾能夠把蔬菜的鮮甜味引出來。

材料（2人份）

去骨雞胸肉…1小塊（200公克）
＊把肉斜刀片成1公分厚的肉片，大約一口大小。
胡蘿蔔…1/2條
＊對半縱切，再斜切成5公釐厚的薄片。
牛蒡…1/2根（75公克）
＊斜切成3～4公釐厚的薄片。
四季豆…50公克
＊斜切成3等分。
梅乾…2顆（30公克）
水…1杯
A
─料理酒、味醂…各2大匙
─醬油、砂糖…各1大匙

作法

1 把胡蘿蔔、牛蒡、材料裡的水放入鍋中，蓋上鍋蓋，以中火煮。煮滾後，繼續煮7～8分鐘，等到牛蒡可以用竹籤刺穿，加入**A**調味。

2 再次煮滾後，加入雞肉、四季豆，梅乾撕碎，連籽一起加入。拿小一圈的鍋蓋（或廚房紙巾、鋁箔紙均可）直接壓在食材上，煮約5分鐘。最後拿掉鍋蓋，煮到湯汁變少為止。

梅子塔塔醬炸雞排

塔塔醬的酸黃瓜用梅乾和小黃瓜代替，日式口味的美乃滋更突顯油炸過的清淡雞胸肉風味。

材料（2人份）

去骨雞胸肉…2小塊（400公克）
＊撒上1/3小匙鹽、少許胡椒調味。

〈麵衣〉

- 麵粉…適量
- 蛋液…1/2顆的量
- 麵包粉…適量

炸油…適量

〈梅子塔塔醬〉（事先混合）

- 日本美乃滋*…4大匙
- 洋蔥（切碎）、小黃瓜（切粗末）…各2大匙
- **梅乾**…1顆（15公克）
  ＊去籽，用菜刀大略剁過。

貝比生菜…適量

（＊譯注：日本美乃滋偏酸，臺灣美乃滋偏甜。）

作法

1 雞肉依序裹上麵衣材料。

2 平底鍋裡倒入2公分高的炸油，加熱到170℃。放入作法**1**油炸約3分鐘，翻面，繼續炸3分鐘左右，炸到熟透、發出啪滋啪滋的聲音，撈起瀝油。

3 切開作法**2**盛盤，淋上梅子塔塔醬，旁邊放上貝比生菜。

梅子蒸雞

雞胸肉加梅乾，
放入微波爐加熱。
完成後靜置30分鐘左右，
肉質就會溼潤不柴。

材料（2人份）

去骨雞胸肉…1塊（300公克）
梅乾…2顆（30公克）
＊在2大匙料理酒裡加入撕碎的梅肉，去籽。
嫩薑皮…1塊的量
嫩薑…1塊
＊切絲泡水、瀝乾。
蔥白…5公分
＊順紋縱切劃開去芯，切成蔥絲後泡水再瀝乾。

作法

1 雞肉放在耐熱容器裡，裹上梅子和料理酒調成的調味醬。雞皮朝上，加入薑皮，蓋上保鮮膜不要封緊，以600W微波加熱4分30秒～5分30秒，接著靜置約30分鐘。

2 將作法**1**的雞肉去皮，撕成方便入口的大小，盛盤，淋上醬汁，擺上事先混合好的薑絲和蔥絲。

料理酒加入梅肉調成的調味料。裹在雞肉上微波加熱。

梅子春捲

雞里肌肉、山藥、青紫蘇，用起司捲在一起，
以梅乾提點風味，
咬下一口就能夠享受到多種滋味。

材料（2人份）

雞里肌肉…3條（120公克）
＊切成10等分的肉絲，抹上少許鹽、1小匙料理酒、1/2大匙片栗粉。
山藥…200公克
＊切成4公分長的細絲。
青紫蘇葉…10片
起司片…10片（80公克）
＊對半縱切。
梅乾（建議用紅梅乾）…2大顆（40公克）
＊去籽，撕碎梅肉。
春捲皮…10張
A（事先混合）
—麵粉…1大匙
—水…2小匙
炸油…適量

作法

1 在春捲皮表面放上青紫蘇葉、起司片、山藥絲、雞絲、梅肉後捲起。捲好後，在封口抹上**A**黏住。

2 平底鍋裡倒入2公分高的炸油，加熱到160℃，放入作法**1**油炸4～5分鐘，直到表面酥脆。

梅香照燒雞腿排

雞肉雖然裹著濃郁的醬汁，
但是因為加了梅乾，
留在嘴裡的味道變得很清爽，
是不膩口的照燒醬。

材料（2人份）

去骨雞腿排…1大塊（300公克）
沙拉油…1小匙
A（事先混合）
— **梅乾**…2顆（30公克）
　＊去籽，用菜刀把梅肉剁成泥。
　料理酒、味醂…各1又1/2大匙
— 醬油、砂糖…各1/2大匙

作法

1 以平底鍋加熱沙拉油，雞肉的雞皮朝下放入鍋中煎。用鍋鏟輕壓雞肉，同時以中小火煎5~6分鐘，煎到焦黃，再翻面繼續煎2~3分鐘。

2 擦掉鍋中的油脂，加入**A**，以中火煮。中途翻面，煮到醬汁變少後，雞皮朝下裹上醬汁。

3 切成方便食用的大小，盛盤。

照燒醬加入梅肉，考慮到梅乾的含鹽量，所以減少了醬油的用量。

梅汁滷雞肝

梅乾發揮巧妙的提味作用，
抑制了雞肝的特有味道，
吃起來更順口。

材料（2人份）

雞肝…250公克

（去除雜質後要有230公克）

＊去除油脂、筋、血塊後，用大量冷水清洗，再擦乾水分。

梅乾…1大顆（20公克）

嫩薑…1塊

＊切薄片。

A

料理酒…3大匙

醬油…1大匙

砂糖…1又1/2大匙

作法

1 把**A**倒入鍋中煮滾，加入雞肝。再度煮滾後，撈掉雜質，放入整顆的梅乾、薑片，拿小一圈的鍋蓋（或廚房紙巾、鋁箔紙均可）直接壓在食材上，以中小火煮2～3分鐘。

2 煮熟後，拿掉小鍋蓋（或廚房紙巾、鋁箔紙），一邊壓碎梅乾一邊繼續煮，煮到收汁。

梅香竹筍牛肉

令人白飯一碗接一碗的配飯菜。
可冷藏保存四～五天，
因此建議多做一些放冰箱。

材料（2人份）
牛肉片⋯150公克
水煮竹筍⋯1支（150公克）
＊筍尖4公分的部分，縱切成3～4公釐厚的筍片；剩下的筍子切成7～8公釐厚的扇形。
梅乾⋯2顆（30公克）
A
水⋯1/4杯
料理酒⋯2大匙
砂糖⋯1又1/2大匙
醬油⋯1大匙

作法

1 把A倒入鍋中煮滾，攤開牛肉片加入，煮到肉變色，撈掉雜質，加入筍子，加入撕碎的梅乾和籽。拿小一圈的鍋蓋（或廚房紙巾、鋁箔紙均可）直接壓在食材上，煮約5分鐘。

2 拿掉小鍋蓋（或廚房紙巾、鋁箔紙），繼續煮到湯汁收乾。

梅香烤肉沙拉

用梅乾提香，
搭配白蘿蔔泥，
嚐起來更清爽。

材料（2人份）

牛肉（烤肉片）…200公克
＊撒上少許鹽。
麻油…1大匙
梅乾…2顆（30公克）
＊去籽，用菜刀把梅肉剁成泥。
白蘿蔔…300公克
＊磨成泥之後稍微瀝乾水分。
青花苗（青花椰苗）…適量

作法

1 以平底鍋加熱麻油，把牛肉煎到兩面上色。

2 牛肉盛盤，表面擺上白蘿蔔泥、青花苗、梅肉泥。食用的時候拌勻。

梅子肉丸

充滿梅乾鮮味的肉丸。
每咬下一口，梅乾的風味就會在嘴裡擴散。
冷了也好吃，很適合帶便當。

材料（2人份）

雞絞肉…200公克

A

蔥（切碎）…3大匙

梅乾…2顆（30公克）

＊去籽，用菜刀把梅肉剁成泥。

蛋…1顆

料理酒…1大匙

片栗粉…2大匙

沙拉油…1大匙

作法

1 把雞絞肉、**A**放入調理盆，攪拌直到產生黏性，分成10等分後揉成球。

2 以平底鍋加熱沙拉油，放入作法**1**，以中小火煎約3分鐘，煎到焦黃，再翻面繼續煎約3分鐘。

梅醬肉燥

在豬肉與味噌的濃郁風味中加入梅乾，
瞬間變成清爽的肉燥。
在變化多端的肉燥當中獨樹一格！

材料（方便製作的量）
豬絞肉…150公克
A（事先混合）
——**梅乾**…1大顆（20公克）
　＊去籽，用菜刀把梅肉剁成泥。
——味噌、砂糖、料理酒…各1大匙
沙拉油…1小匙

作法

1 以平底鍋加熱沙拉油，放入豬絞肉，炒到乾爽鬆散後，加入**A**，繼續拌炒直到醬汁收乾。

梅醬滷鯖魚

梅乾搭配重口味的鯖魚，
使味道更有層次，
令人忍不住想說——
唯一支持味噌滷鯖魚一定要加梅乾。

材料（2人份）

鯖魚片…1片（240公克）
＊橫切成兩半，魚皮劃兩刀直刀。
梅乾…2顆（30公克）
嫩薑…1塊
＊切薄片。

A
料理酒、味醂…各3大匙
水…2/3杯
砂糖…2小匙
味噌…1又1/2大匙

作法

1 把**A**放入較小的平底鍋、煮滾。鯖魚片的魚皮朝上，放入鍋中。撒上薑片，撕碎梅乾，連籽加入。

2 再次煮滾後，用湯匙舀起作法**1**的湯汁淋在鯖魚上，拿小一圈的鍋蓋（或鋁箔紙）直接壓在食材上，煮3～4分鐘。

3 拿掉小鍋蓋（或鋁箔紙），一邊把湯汁淋在鯖魚上，一邊繼續煮2～3分鐘，煮到鯖魚煮熟、湯汁有些變稠為止。

快煮梅香滷沙丁魚

加入梅乾快煮一下，
就會有長時間燉煮的深度滋味，
用鋁箔紙代替小鍋蓋，魚皮會更漂亮。

材料（2人份）

沙丁魚片＊…4條魚的量
（去骨去內臟的清肉180公克）
梅乾…1顆（15公克）
嫩薑…1塊
＊切薄片。

A
水…1/2杯
料理酒…2大匙
味醂…1大匙
醬油…1小匙
砂糖…1/2大匙

作法

1 把**A**倒入較小的平底鍋（直徑約22公分）煮滾，沙丁魚的魚皮朝上，放入鍋中。撒上薑片，撕碎梅乾，連籽加入。

2 再次煮滾後，拿鋁箔紙直接壓在食材上蓋著，以小火煮4～5分鐘。拿掉鋁箔紙，繼續收汁煮到湯汁變少。

（＊譯注：臺灣不容易買到新鮮沙丁魚，可用罐頭沙丁魚或鯖魚代替。）

梅乃滋烤鮭魚

作法簡單，但是保證好吃。
鮭魚除了可換成白肉魚、青背魚*之外，
還可以改用生蠔等試試。

（*譯注：青背魚是指魚背是青藍色的魚類，例如：沙丁魚、鯖魚、竹莢魚、秋刀魚、鮪魚、鰹魚、青甘魚等。）

材料（2人份）

鮭魚切片…2塊（200公克）
＊淋上1/2大匙料理酒、1/2大匙醬油，醃漬約10分鐘。

〈梅乃滋〉（事先混合）
日本美乃滋…2大匙
梅乾…1顆（15公克）
＊去籽，用菜刀把梅肉剁成泥。

蘿蔔嬰…適量

作法

1 輕輕擦乾鮭魚片的水分，烤魚機*（上下火加熱）轉中火，魚皮朝上排列，烤6～7分鐘，直到烤熟。

2 塗上梅乃滋，烤1～2分鐘，烤出淺淺的焦黃色後，盛盤，擺上蘿蔔嬰。

（*譯注：烤魚機是日本專門用來烤魚的小型烤箱，在臺灣的網路購物平台上可找到象印、Panasonic等廠牌的烤魚機商品。亦可用一般有上下火加熱的烤箱代替。）

梅香炸竹筴魚

酥脆的外皮和飽滿的竹筴魚肉，
加上梅乾的酸味，
以及青紫蘇的香氣，
剛炸好的比什麼都美味。

材料（2人份）

竹筴魚（去頭去中骨的蝴蝶切）…4小條
青紫蘇…4片
梅乾…1顆（15公克）
＊去籽，用菜刀把梅肉剁成泥。
鹽…少許
〈麵衣〉
麵粉…適量
蛋液…1顆的量
麵包粉…適量
炸油…適量
高麗菜…1～2片
＊切絲。

作法

1 竹筴魚的魚肉朝上，擺上青紫蘇葉，抹上梅肉，對折闔起，表面撒鹽。

2 把作法**1**依序沾上麵衣的材料，小心別讓魚身打開。

3 平底鍋倒入2公分高的炸油，加熱到170℃，放入作法**2**油炸。中途翻面一次，總共炸4～5分鐘，炸到金黃酥脆。

4 作法**3**盛盤，擺上高麗菜絲。

梅肉剁碎，塗抹在青紫蘇表面。

梅香蒸鱈魚

鱈魚擺在海帶芽上，加上梅乾和料理酒，用微波爐加熱。能夠充分展現食材鮮味的一道菜。

材料（2人份）

鱈魚切片…2塊（200公克）

＊撒上少許鹽，靜置約10分鐘後，擦乾水分。

鹽漬海帶芽…10公克

＊用流動的水清洗去鹽，浸泡在水裡約5分鐘後，擠乾水分，切成方便食用的大小。

梅乾…1顆（15公克）

料理酒…1大匙

作法

1 海帶芽鋪在耐熱容器裡，放上鱈魚，加入撕碎的梅乾和籽，繞圈淋上料理酒。

2 蓋上保鮮膜不要封緊，以600W微波加熱約3分鐘。

梅香西芹炒魷魚

魷魚和西洋芹這兩種口感，以充滿魅力的鹽炒方式料理，再加入梅肉點綴，不僅增添酸味，也使味道更有變化。

材料（2人份）

魷魚…1尾（350公克）

＊拿掉內臟，留下魷魚翅膀，去皮切成1.5公分寬的魷魚圈；刮掉魷魚腳的吸盤，2～3根腳分切成一組。擦乾水分，抹上少許鹽、1小匙料理酒。

西洋芹…1根

＊梗去筋，對半橫切，再斜切成5公釐厚。葉子切成方便食用的大小。

嫩薑…1/2塊

＊切薄片。

沙拉油…1大匙

A（事先混合）

梅乾…1顆（15公克）

＊去籽，用菜刀大略剁過。

胡椒…少許

料理酒、水…各1大匙

片栗粉…1/3小匙

作法

1 以平底鍋加熱沙拉油，轉中火煸香薑片，炒出香味後轉中大火，加入西洋芹梗炒約1分鐘，再加入魷魚快炒。

2 炒到魷魚變色，加入西洋芹葉，把**A**再度攪拌均勻後，繞圈淋入拌炒。

梅味鮮干貝

梅肉加砂糖，做成溫和順口的醬汁。
梅乾盡量選用紅梅乾，
才能與白色的干貝呈現鮮明的對比。

材料（2人份）

干貝（生食級）…4顆（150公克）
＊每顆的厚度切成3等分。

〈梅香醬〉（事先混合）

梅乾（建議用紅梅乾）…1顆（15公克）
＊去籽，用菜刀把梅肉剁成泥。

白開水…1小匙
砂糖…1/2小匙

橄欖油…1大匙
山蘿蔔葉…適量（可依照個人喜好添加）

作法

1 把生干貝擺在容器裡，每片都滴上梅香醬、淋上橄欖油。可依照個人喜好加上山蘿蔔葉裝飾。

四季豆拌豆腐

可嚐到梅乾的味道，甜味不明顯，也適合當作下酒菜。

材料（2人份）

四季豆…100公克

＊斜切成5公釐厚。

〈涼拌豆腐泥〉

板豆腐…1/2塊（150公克）

＊片成一半的厚度，包上廚房紙巾，靜置約10分鐘後，瀝乾水分。

梅乾…1顆（15公克）

＊去籽，用菜刀把梅肉剁成泥。

砂糖…1小匙

作法

1 把2杯熱水（另外準備）倒入鍋中，煮滾後加入1小匙鹽（另外準備），汆燙四季豆約2分鐘直到變軟。拿篩網撈起，等降溫到手可以碰的溫度。

2 製作涼拌豆腐泥。調理盆中放入豆腐和梅乾，壓碎混合，加入砂糖調味。

3 把作法**1**加入作法**2**拌勻。

梅香涼拌豆腐

涼拌豆腐擺上梅乾當作調味料，這是最適合炎熱夏天的一道小菜。

材料（2人份）

嫩豆腐…1塊（300公克）

＊切成兩半，盛盤放冰箱冷藏。

梅乾…1顆（15公克）

＊去籽，用菜刀把梅肉剁成泥。

蔥…5公分

＊切蔥花。

青紫蘇葉…2片

＊對半縱切，再橫切成細絲。

柴魚片…少許

作法

1 瀝乾豆腐的水分，放上蔥花、青紫蘇葉絲、柴魚片，最後擺上梅乾。

梅子馬鈴薯沙拉

為了搭配梅乾明顯的風味，刻意不把馬鈴薯壓成泥。

材料（2人份）

馬鈴薯…2顆　＊切成一口大小。

洋蔥…1/4顆　＊順紋切成薄片，用冷水搓洗後，擠乾水分。

A

梅乾（建議用紅梅乾）…1顆（15公克）

＊去籽，用菜刀把梅肉剁成泥。

日本美乃滋…3大匙

胡椒…少許

作法

1 馬鈴薯放進鍋中，加水（另外準備）淹過馬鈴薯，加入少許鹽（另外準備），蓋上鍋蓋，以中火煮。煮滾後，轉中小火，拿掉鍋蓋，繼續煮約10分鐘，煮到竹籤可以輕易刺穿馬鈴薯。

2 倒掉熱水，以中火加熱，一邊搖晃鍋子一邊蒸散掉馬鈴薯的水分，直到鍋內沾上一層馬鈴薯粉屑，再把馬鈴薯倒進調理盆裡，等降溫到手可以碰的溫度。

3 把洋蔥、**A**加進作法**2**裡拌勻。

梅香炒牛蒡絲

牛蒡與梅乾是完美搭檔。牛蒡切得愈細愈入味。

材料（2人份）

牛蒡…1根（150公克）

＊切成5公分長的細絲，泡水5分鐘後瀝乾。

麻油…1大匙

熟白芝麻…少許

A

梅乾…1大顆（20公克）

＊去籽，用菜刀把梅肉剁成泥。

料理酒、味醂…各1又1/2大匙

醬油…1小匙

砂糖…1/2大匙

作法

1 以平底鍋加熱麻油，放入牛蒡絲炒3~4分鐘，直到炒軟。

2 加入**A**，炒到湯汁收乾，撒上白芝麻。

梅子馬鈴薯餅

梅乾是香氣的亮點。
用鍋鏟壓扁，同時煎到酥脆。

材料（2人份）
馬鈴薯…1顆
＊切細絲（不用泡水）。
梅乾…1顆（15公克）
＊去籽，用菜刀把梅肉剁成泥。
披薩調理專用乳酪絲…20公克
橄欖油…1又1/2大匙

作法

1 馬鈴薯、梅乾、乳酪絲在調理盆裡混合。

2 以平底鍋加熱橄欖油，把作法**1**分成4等分放入，一邊拿鍋鏟壓扁，一邊以中小火煎3～4分鐘，等煎出漂亮的焦黃色就翻面，同樣煎3～4分鐘。

芝麻梅香拌銀芽

微波加熱豆芽菜，
瞬間就做好了。
加入砂糖調味是關鍵。

材料（2人份）
豆芽菜…1包（200公克）
＊可依照個人喜好摘掉鬚根。
A
梅乾…1顆（15公克）
＊去籽，用菜刀大略剁過。
砂糖…1/3小匙
磨碎的白芝麻…1大匙

作法

1 豆芽菜放入耐熱容器，蓋上保鮮膜不要封緊，以600W微波加熱約3分鐘。倒入篩網，瀝乾水分。

2 把**A**放入調理盆裡混合，再加入作法**1**和磨碎的白芝麻拌勻。

梅醬
蘘荷拌山苦瓜

爽脆口感搭配梅子風味，令人暫時忘卻夏季的炎熱。

材料（2人份）

山苦瓜…1/2條
＊對半縱切剖開，去籽，橫切成薄片，泡冷水3分鐘後瀝乾。
蘘荷…2顆
＊對半縱切剖開，再縱切成薄片，泡冷水3分鐘後瀝乾。

A（事先混合）
梅乾…1大顆（20公克）
＊去籽，用菜刀大略剁過。
醬油、砂糖…各1小匙
白開水…1/2大匙

作法

1 混合山苦瓜和蘘荷後盛盤，淋上A。

梅香金針菇
炒蒟蒻絲

紅色與白色互相映襯的色彩，正好展現梅乾與淡口味食材的風味強弱對比。

材料（2人份）

蒟蒻絲…100公克
＊加水煮滾後瀝乾，切成方便食用的大小。
金針菇…1小袋（100公克）
＊橫切成兩半。
麻油…1/2大匙
梅乾…1顆（15公克）
＊去籽，用菜刀大略剁過，再加入1小匙料理酒調勻。
砂糖…1/3小匙
熟白芝麻…1/2大匙
鹽…少許

作法

1 以平底鍋加熱麻油，炒蒟蒻絲和金針菇。加入梅乾和砂糖繼續炒，加入熟白芝麻，最後加鹽調味。

梅香魩仔魚散壽司

製作醋飯不加醋，改加梅乾，
不但酸味恰到好處，顏色也漂亮。
乾貨的鮮味使這碗飯吃起來更有深度。

材料（3～4人份）

米…量米杯的2杯
＊洗好放電鍋／電子鍋，加入1.2倍的水（430毫升），浸泡30分鐘。

A（事先混合）
梅乾（建議用紅梅乾）…2顆（30公克）
＊去籽，用菜刀大略剁過。
味醂…1大匙
砂糖…1小匙

竹莢魚乾…2條（200公克）
嫩薑…1塊
＊切成薑末。
青紫蘇葉…10片
＊切成5公釐的方形。
熟白芝麻…2大匙
梅乾（裝飾用，建議用紅梅乾）…少許

作法

1 煮飯。

2 竹莢魚乾用烤魚機烤過，去皮去骨，把魚肉大略剁碎。

3 把作法**1**的白飯放入調理盆，加入**A**混合，再加入作法**2**、薑末、青紫蘇葉、熟白芝麻大略拌過。盛盤，放上梅乾裝飾。

梅子飯

白飯加入梅乾一起煮，
更進一步提昇了昆布的鮮味。

材料（3～4人份）

米…量米杯的2杯

＊洗好放電鍋／電子鍋，加入1.2倍的水（430毫升），浸泡30分鐘。

料理酒…2大匙

A
- **梅乾**…2顆（30公克）
- 昆布（5公分方形）…1片

作法

1 撈掉2大匙電鍋／電子鍋裡泡米的水，加入料理酒混合，放上**A**，開始煮飯。

2 飯煮好後，拿掉梅乾的籽和昆布，用飯杓搗碎梅肉，與白飯翻拌混合。

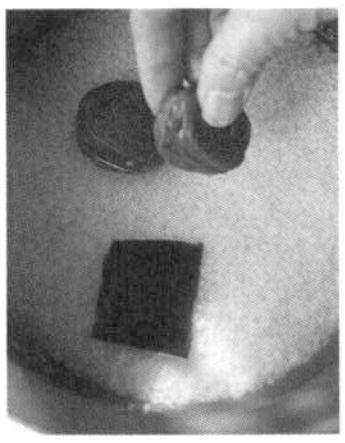

加入整顆的梅乾，煮好後搗碎梅肉，與白飯翻拌混合。

梅香萵苣炒飯

香氣四溢的炒飯，
加入紅梅乾，
看起來更漂亮。

材料（2人份）

熱白飯…300公克

萵苣…1/2顆

＊撕成一口大小。

梅乾（建議用紅梅乾）…2顆（30公克）

＊去籽，用菜刀大略剁過。

沙拉油…1大匙

鹽、胡椒…各少許

作法

1 平底鍋大火加熱沙拉油，放入白飯炒鬆。

2 分二～三次加入萵苣葉翻炒，再加入梅乾混合。試過味道後，以鹽、胡椒調味炒勻。

蘆筍梅子奶油義大利麵

梅乾簡直就是風味的亮點。
加入梅乾，
使這道義大利麵的味道更有層次。

材料（2人份）

義大利麵（1.6㎜直麵）…160公克
綠蘆筍…1把（150公克）
＊削掉根部5公分的外皮，再斜切成5公分長。
培根…2片（30公克）
＊切成5公釐寬。
橄欖油…1/2大匙

A
鮮奶油、牛奶…各1/2杯
梅乾…2顆（30公克）
＊去籽，撕碎梅肉。
帕馬森起司粉…20公克

鹽、粗磨黑胡椒…各少許

作法

1 以鍋子煮滾1.5公升的熱水（另外準備），加入1/2大匙鹽（另外準備），按照外包裝標示的時間煮義大利麵。

2 平底鍋以中火加熱橄欖油，大略炒過培根，加入鮮奶油、牛奶，煮熱了就關火。

3 在作法**1**的義大利麵煮好起鍋前1分鐘，加入綠蘆筍一起汆燙，再同時撈起瀝乾。

4 把作法**3**加入作法**2**的醬汁裡，再加入**A**混合，以鹽調味。盛盤後撒上粗磨黑胡椒。

梅子豆皮烏龍麵

麵湯的醬油減量，
靠梅乾的鹹味補足。

材料（2人份）

冷凍烏龍麵…2球（400公克）
梅乾…2顆（30公克）
油揚豆皮*…1塊
＊用熱水燙過去油後，切成細條。
蔥…1/4根
＊切蔥花。

〈麵湯〉

高湯…4杯
味醂…2大匙
醬油…2大匙

作法

1 鍋中放入麵湯材料，煮滾。

2 冷凍烏龍麵按照外包裝標示的時間煮好後盛起。擺上油揚豆皮，淋上滿滿的作法**1**，放上蔥花、梅乾。吃的時候，一邊搗碎梅乾一邊享用。

（*譯注：日本豆皮烏龍麵的豆皮，不是臺灣的「豆包（材料是腐竹）」或「油豆腐」，而是豆腐切薄油炸成海綿質地的油豆腐。在臺灣的商品名稱為「油揚豆皮」。）

梅子冷湯麵線

用家裡現成的材料和梅乾，
簡單快速就能完成。

材料（2人份）

麵線（或烏龍麵）…160公克
梅乾…1顆（15公克）
＊去籽，用菜刀把梅肉剁成泥。
小黃瓜…1條 ＊切圓片，撒少許鹽，靜置5分鐘後擠乾水分。
蘘荷…2顆 ＊切圓片，以流動的水清洗後瀝乾。
新鮮的和布蕪（裙帶菜根）…2包（80公克）
竹輪…1～2根 ＊切圓片。

〈麵湯〉

高湯…1杯
味醂、醬油…各1大匙
鹽…少許

作法

1 鍋中放入麵湯材料，煮滾後放冷，放冰箱冷藏冰涼。

2 小黃瓜、蘘荷、和布蕪混合後，放冰箱冷藏冰涼。

3 麵線照包裝標示的時間煮好起鍋，用冰開水搓洗後瀝乾。

4 把作法**3**盛盤，疊上作法**2**、竹輪、梅乾，淋上作法**1**。

梅乾味噌湯

最適合喝酒喝太多的第二天早晨。
加了梅乾，所以味噌要減量。

材料（2人份）

小魚乾高湯…2杯
味噌…1大匙
梅乾…2小顆（20公克）
嫩豆腐…1/3塊（100公克）
＊切成1公分塊狀。
蔥…5公分
＊切蔥花。

作法

1 高湯倒入鍋子裡，以中火煮滾後，加入味噌溶解均勻。放入整顆的梅乾、豆腐、蔥花，煮約1～2分鐘，不要煮到滾。盛盤，一邊搗碎梅乾一邊享用。

梅香酸辣湯

中菜最具代表性湯品的變化版。
突顯梅乾的個性。

材料（2人份）

雞里肌肉…1大條（50公克）
＊切成肉絲，抹上1/2小匙醬油、1小匙料理酒、1小匙片栗粉。
水煮竹筍…50公克
＊切絲。
黑木耳（乾燥）…1/2大匙
＊泡熱水還原後切絲。
蛋液…1顆的量
嫩豆腐…1/4塊（75公克）
＊切細條。
梅乾…2小顆（20公克）
水…2杯
A
料理酒、嫩薑（切末）…各1大匙
醬油…1/2大匙
〈片栗粉水〉（事先混合）
片栗粉…2小匙
水…4小匙
辣油…適量
香菜葉…適量

作法

1 以鍋子煮滾材料裡的水，放入雞肉、筍絲、黑木耳，以**A**調味，加片栗粉水勾芡。

2 煮滾後，繞圈倒入蛋液，攪拌，再加入豆腐、撕碎的梅乾，煮滾後盛盤，澆上辣油，撒上香菜。

梅子風味番茄冷湯

吃下去可以補充各種營養，增進活力。

材料（2人份）

番茄汁（無鹽）…1罐（200公克）

A（全部切成2公分的丁）

—紅甜椒…1/4顆

小黃瓜…1/4條

洋蔥…1/8顆

梅乾…1顆（15公克）

＊去籽，用菜刀把梅肉剁成泥。

蒜泥、胡椒…各少許

橄欖油、塔巴斯科辣椒醬…各少許（可依照個人喜好添加）

〈裝飾用〉

小黃瓜（切成5公釐的小丁）、梅肉…各適量

作法

1 番茄汁、**A**、梅乾、蒜泥、胡椒放入果汁機攪打，再裝入容器，放冰箱冷藏室冰涼。

2 把作法**1**盛盤，放上裝飾用的小黃瓜和梅肉，再依照個人喜好加入橄欖油和塔巴斯科辣椒醬。

肉絲蔬菜湯

整合各式各樣的食材，而梅乾是這道湯最主要的風味關鍵。

材料（2人份）

豬五花肉（火鍋肉片）…40公克

＊切成肉絲。

胡蘿蔔…30公克 ＊切絲。

金針菇…1/2小袋（50公克）

＊橫切成兩半。

新牛蒡*…40公克

＊切絲，泡水5分鐘後瀝乾水分。

鴨兒芹…1/2把（20公克）

＊切成4公分長。

梅乾…2小顆（20公克）

水…2杯

A

—料理酒…1大匙

醬油…1小匙

作法

1 以鍋子煮滾材料裡的水，加入豬肉弄散。撈掉雜質後，加入新牛蒡，蓋上鍋蓋煮約1分鐘。加入胡蘿蔔繼續煮約1~2分鐘，不要煮到滾，加入金針菇再煮1~2分鐘。

2 加入梅乾再煮一下，以**A**調味，最後撒上鴨兒芹。

（*譯注：每年四月到六月採收的牛蒡。）

梅子柴魚醬

可當作甜鹹調味料，
加進麵或飯裡，
或涼拌菜、燉滷料理的調味。

材料（方便製作的量）

梅乾…5大顆（100公克）

*浸泡在大量的水裡4～5小時去鹽，去籽。

味醂、砂糖…各2大匙

柴魚片…1包（3公克）

作法

1 梅乾、味醂、砂糖倒入小鍋，以小火攪拌混合。梅肉搗碎後，加入柴魚片再煮1～2分鐘，不要煮到滾。

*冷藏保存約可放一個月。

梅子沙拉醬

除了用在沙拉、醃漬食品外，
還可以淋在烤肉、烤魚等，
用途廣泛。

梅子蘸醬

加糖讓味道更順口的梅肉醬。
用法與沙拉醬一樣。

材料（方便製作的量）

梅乾…2顆（30公克）

*去籽，用菜刀把梅肉剁成泥。

白開水…1大匙

砂糖…1小匙

作法

1 梅乾加水拌勻，再加入砂糖混合。

*冷藏保存約可放二週。

材料（方便製作的量）

梅乾…2顆（梅肉20公克）

*去籽，用菜刀把梅肉剁成泥。

白開水、沙拉油…各2大匙

醬油、砂糖…各1小匙

作法

1 梅乾加水、醬油、砂糖拌勻，再加入沙拉油混合。

*冷藏保存約可放二週。

煎酒

日本民間傳承許久的萬用調味料。
用法與高湯醬油一樣，
料理立刻變得更美味。

材料（方便製作的量）
梅乾…2顆（30公克）
料理酒…3/4杯
味醂…1大匙
醬油…少許

作法
1 梅乾、料理酒、味醂放入鍋中，以小火煮，一邊搗碎梅肉一邊收汁，煮到剩下約1/3的量。
2 過濾後，放回鍋子裡，開小火煮。用醬油調味完關火，等降溫到手可以碰的溫度。
＊冷藏保存約可放二週。

梅香奶油

可抹在麵包上，
也可以加進白飯裡，
或放在清蒸馬鈴薯、
雞胸肉、白肉魚上。

梅子味噌醬

適合沾小黃瓜、胡蘿蔔、西洋芹等蔬菜棒，
也適合用在涼拌豆腐。

材料（方便製作的量）
梅乾…1大顆（20公克）
＊去籽，用菜刀把梅肉剁成泥。
料理酒、味噌、砂糖…各1大匙

作法
1 梅乾加入料理酒、味噌、砂糖混合均勻。
＊冷藏保存約可放2週。

材料（方便製作的量）
奶油…100公克
梅乾…1顆（梅肉10公克）
＊去籽，用菜刀把梅肉剁成泥。

作法
1 奶油放入耐熱容器，以600W微波加熱，每加熱10秒檢查一次，直到奶油變成乳霜狀。加入梅乾混合。
2 把作法**1**倒在保鮮膜上捲起，整理成圓柱形，放入冰箱冷藏定型。要用時，切下喜歡的厚度即可。
＊冷藏保存約可放二週。

Column

紅梅醋的用途

使用梅醋

材料（3～4人份）

米…量米杯的2杯

＊洗好放電鍋／電子鍋，加入1.2倍的水（430毫升），浸泡30分鐘。

紅梅醋…3大匙

作法

1 撈掉3大匙電鍋／電子鍋裡泡米的水，加入紅梅醋，開始煮飯。

2 好捏成飯糰，形狀可依照個人喜好決定。

＊如果使用白梅醋，飯糰會是亮晶晶的白色。想要有點變化時，加入青紫蘇葉、熟芝麻、鹿尾菜等，看起來更豐富。

紅梅飯

煮飯時，加入紅梅醋一起煮，
米飯就變成有光澤的櫻粉色。
鹹味和酸味適中，
還有類似蒸糯米的口感，
忍不住就伸手再拿一個。

白梅醋竹莢魚飯

醋飯的製作步驟是
先用鹽調味後再加醋，
但如果使用梅醋，就不需要分兩個步驟，
調味一次就能到位。

材料（2人份）

竹莢魚（生魚片等級）…2條的量（清肉150公克）＊去刺。

白梅醋…3大匙

〈配菜〉

小黃瓜…1/2條
＊切成5公分長的細絲，泡水增加爽脆度，再瀝乾水分。

青紫蘇葉…2片

嫩薑…1塊
＊磨成泥。

作法

1 竹莢魚排在扁烤盤裡，裹上白梅醋，用保鮮膜緊密貼合，放冰箱冷藏30分鐘～1小時醃漬。

2 擦乾竹莢魚的水分，去皮，斜刀片成一口大小，盛盤擺上配菜。

竹莢魚裹上白梅醋，緊貼上保鮮膜，放冰箱冷藏醃漬。

紅梅醋的用途

紅梅醬菜

白色蔬菜用紅梅醋醃漬，就會變成可愛的粉紅色，搭配不同形狀的食材，更添樂趣。

材料（全都是2人份）

新洋蔥＊…1顆
＊順紋切成1公分寬的楔形後剝散。

蓮藕…1小節
＊切成2公釐厚的圓片，中間較粗的部分切成半月形。以熱水汆燙2～3分鐘後，用篩網撈起放涼，保留口感。

蕪菁…2顆
＊留下1公分的莖，其他切掉，再縱切成8等分。泡水去除根部的污垢，用篩網撈起後擦乾水分。

白花菜…1/3顆
＊剝成小朵，以熱水汆燙1分鐘，用篩網撈起放涼，保留口感。

鵪鶉蛋…1盒（10顆）
＊以熱水汆燙4分鐘後，泡冷水冷卻，剝殼。

山藥…150公克
＊切成1公分厚的半月形。

作法（通用）

把事前處理好的食材裝進夾鍊袋，加入2大匙紅梅醋、2大匙白開水、1大匙砂糖（以上皆另外準備），排氣後密封，醃漬約1小時。

（＊譯注：春初採收的早生種洋蔥。）

白梅醋的用途

白梅醬菜

用白梅醋醃漬，食材不會變色，所以選擇色彩鮮豔的蔬菜，就會很漂亮。綜合多種食材，還可以代替沙拉。

材料（全都是2人份）

白蘿蔔…200公克
＊切成1公分寬的長方條。

胡蘿蔔…1條
＊切成4～5公分長，再切成3～4公釐寬的長方條。

甜椒（顏色任選）…1顆
＊縱切成1.5公分寬的楔形，再橫切成一半的長度。

小黃瓜…2條
＊切滾刀塊。

西洋芹…1根
＊去筋，切成5公分長的薄片。

小番茄…1盒

作法（通用）

把事前處理好的食材裝進夾鍊袋，加入2大匙白梅醋、2大匙白開水、1大匙砂糖（以上皆另外準備），排氣後密封，醃漬約1小時。

五味坊 129

梅酒・梅乾・梅香料理

梅子好好吃究極版，就算少量也可以製作，學會各種形式保存美味的方法，還能烹調出別具特色的風味料理

原書名——石原洋子の梅干し 梅酒 梅料理
作者——石原洋子
譯者——黃薇嬪
總編輯——王秀婷
主編——洪淑暖
發行人——凃玉雲
出版——積木文化
104台北市民生東路二段141號5樓
電話：(02)2500-7696　傳真：(02)2500-1953
官方部落格：http://cubepress.com.tw
讀者服務信箱：service_cube@hmg.com.tw
發行——英屬蓋曼群島商家庭傳媒股份有限公司城邦分公司
台北市民生東路二段141號2樓
讀者服務專線：(02)25007718-9
24小時傳真專線：(02)25001990-1
服務時間：週一至週五09:30-12:00、13:30-17:00
郵撥：19863813　戶名：書虫股份有限公司
網站　城邦讀書花園｜網址：www.cite.com.tw
香港發行所——城邦（香港）出版集團有限公司
香港灣仔駱克道193號東超商業中心1樓
電話：+852-25086231　傳真：+852-25789337
電子信箱：hkcite@biznetvigator.com
新馬發行所——城邦（馬新）出版集團Cite (M) Sdn Bhd
41, Jalan Radin Anum, Bandar Baru Sri Petaling, 57000 Kuala Lumpur, Malaysia.
電話：(603) 90563833　傳真：(603) 90576622
電子信箱：services@cite.my
封面設計——郭忠恕
製版印刷——上晴彩色印刷製版有限公司

美術編輯＆設計：天野美保子
攝影：南雲保夫
造型：西崎彌沙
採訪＆撰文：遠田敬子
烹飪助手：泉名彩乃、清水美紀
校閱：河野久美子、安藤尚子
編輯：上野madoka
協助：寺谷農園

【印刷版】
2023年3月28日　初版一刷
2023年10月20日　初版二刷
售　價／NT$ 480
ISBN　978-986-459-486-3

【電子版】
2023年3月
ISBN　9789864594887（EPUB）

國家圖書館出版品預行編目(CIP)資料

梅酒.梅乾.梅香料理：梅子好好吃究極版,就算少量也可以製作,學會各種形式保存美味的方法,還能烹調出別具特色的風味料理/石原洋子著；黃薇嬪譯. -- 初版. -- 臺北市：積木文化出版：英屬蓋曼群島商家庭傳媒股份有限公司城邦分公司發行, 2023.03
面；　公分. --（五味坊；129）
譯自：石原洋子の梅干し梅酒梅料理
ISBN 978-986-459-486-3（平裝）
1.CST: 食譜
427.1　　112001729